U0441091

千年家园

广西民居

牛建农　著

中国建筑工业出版社

图书在版编目(CIP)数据

广西民居/牛建农著.—北京：中国建筑工业出版社，2007
(千年家园)
ISBN 978-7-112-09369-4

Ⅰ.广… Ⅱ.牛… Ⅲ.民居－简介－广西 Ⅳ. TU241.5

中国版本图书馆CIP数据核字（2007）第077611号

责任编辑：陆新之
责任校对：孟　楠　关　健

千年家园
广西民居
牛建农　著
*
中国建筑工业出版社出版、发行(北京西郊百万庄)
各地新华书店、建筑书店经销
北京普克创佳图文设计有限公司制作
北京中科印刷有限公司印刷
*
开本：787×960毫米　1/16　印张：10　字数：200千字
2008年1月第一版　2008年1月第一次印刷
印数：1－2500册　定价：58.00元
ISBN 978-7-112-09369-4
(16033)

版权所有　翻印必究
如有印装质量问题，可寄本社退换
(邮政编码 100037)

序

1997年，香港回归祖国。广西壮族自治区向归来的香港赠送了一具程阳风雨桥模型。这是一份情意深长的礼物。因为，正像长城是中国的象征，埃菲尔铁塔是法国的象征一样，作为广西木构干阑民居的代表，程阳风雨桥是广西的象征。

民居既是文明的成果，又是历史文化的载体。民居的创造者是老百姓。老百姓为了过自己的日子而盖自家的房子，那是一种纯朴而又率真的创造。与宫殿、衙署、庙宇相比，民居是最自由的，它没有那么多的束缚与禁律，没有那么多的狂妄与造作，这是它最可宝贵的品质，这使它所记述的历史最少虚假与扭曲。

广西所在的岭南地区，是华夏民族和华夏文明的发祥地之一。

广西简称"桂"，又称"八桂"，地处祖国南疆，位于东经104°26′～112°04′，北纬20°54′～26°24′之间，陆地面积23.67万平方公里，东接广东，西南与越南接壤，西部和西南分别与云南、贵州相邻，东北与湖南交界，南临北部湾，海岸线长约1500公里。

广西多山。在四周山地的围合之中，形成了一个山地丘陵性盆地，连绵起伏的山岭，又围合出许多小盆地。大小相杂的盆地群中，形成许多各具特色的文化圈。

广西多水。河流纵横，湖沼密布。河流分属珠江、长江、桂南沿海独流入海和百都河四大水系。珠江水系在广西的流域面积占广西总面积的85.2%，其干流西江，横贯广西，流入广东，汇珠江后入海；长江水系在广西的河流主要为湘江和资江。

广西南临热带海洋，处于低纬度区，降水丰沛，热量丰富，日照适中，冬少夏多，各地年平均气温在16.5～23.1℃之间，大部分地区年降水量为1200～2000毫米，全年宜耕，四季常绿，是中国生物资源最丰富的省区之一。

在如此独特的环境中，广西的先民们，创造了灿烂而又独特的远古文明。木构干阑民居，便是广西远古文明的一朵奇葩。

今天，木构干阑连片分布在广西各少数民族聚居的山区：桂北的龙胜各族自治县、三江侗族自治县和融水苗族自治县，桂南的龙州县，桂西南的靖西县、那坡县、德保县，桂中的金秀瑶族自治县，桂西的田东县、田阳县，桂西北的隆林各族自治县、田林县和广西最西端的西林县的群山中，都有为数众多的木构干阑村寨和聚落，数以十万计的广西人，生活在干阑里。

无数曾经以自己的火焰照亮了天宇的古代文明，先后在历史的原野上消失了踪迹。而我们今天走进生机勃勃的壮族村寨，或是在侗族鼓楼前与少男少女们一起踏歌舞蹈，便能够亲切地感受到广西先民们心脏的跳动。广西木构干阑民居，从远古走来，融历史和今天于一身，并充满自信地向未来走去，它的生命力何以如此顽强？它应对变化何以如此从容？这其中究竟隐藏着什么样的奥秘？

早在夏、商、周时期，广西地方与北方、与中原地区，就有着政治、经济和文化的联系。自秦初开始，北方院落式民居随着北方移民的脚步，走进了广西，从此拉开了院落式民居与木构干阑互相融合的序幕。

木构干阑的源头在广西，它是与广西的自然条件和稻作文明联系在一起的；院落式民居的源头在北方，它原本是与北方的自然条件和粟作文明联系在一起的。这两种不同源头、不同类型的民居形式，在祖国统一的大家庭里，在广西各民族互相融合的大潮流中，既循着各自发展的规律前行，保持着各自的特性，又互相学习、互相融合，历经两千多年的发展与变化，逐步形成了一个一体多元的整体。

今天的广西民居，便是以这种一体多元的存在，讲述着广西发展的历史，讲述着广西各民族互相融合的历史，讲述着广西各民族人民团结奋斗，开发广西、保卫祖国南疆的历史。

目 录

壮族村寨——从远古走来

平安寨晨光

横亘在平安寨东边的那道山脉，像一堵高墙，黑乎乎的，还在沉睡之中，而山脉之上的天宇，已经相当明亮。太阳快要出来了。平安寨南边，远处幽深的河谷里，白雾正缓缓地升起、弥漫开来。

平安寨是一个壮族村寨，全寨约200户人家，多姓廖。寨子坐落在山半腰。寨子下面，峡谷里的金竹河，自东北流向西南，两

平安寨晨光

岸皆是连绵起伏的大山。太阳将要从峡谷对面的群山背后升起来，太阳最先照亮的，应该是平安寨背后那座高山的山尖。

寨中老人说，平安寨是从龙脊古寨分出来的。当初，这里长满了没人深的茅草。平安寨的开拓者们来到这里，选了几处野猪滚出来的烂泥坑，撒下稻种。过一段时间来看，绿油油的稻苗长出来了，便决定在这里立寨。

老人们说，平安寨声名远播的梯田，最早开发的时间，是在元代。

岭南地区，是华夏民族和华夏文明的发祥地之一。

壮族，是广西这块土地上的土著民族之一。

至迟在距今70万~80万年之前，在广西这片土地上，便有了原始人类的活动。那时候，这个地区广泛地分布着原始森林，在河流和湖沼的沿岸，有水草丰美的草场。这里是湿热的亚热带季风气候区，夏天并不很热，冬天也不太冷，这样的环境，很适合人类的生存与繁衍。

广西最早的先民们，以广西十分多见的石灰岩洞穴，作为自己最初的栖身之地，经历了从旧石器时代向新石器时代演进的漫长过程。

距今大约2万~10万年以前，生活在今天桂南、桂北的古人类——“柳江人”，已进入以血缘为纽带的母系氏族社会初期。“柳江人”是壮族的祖先。

距今2万~4万年以前生活今天广西中部的“麒麟山人”，已学会制造和使用钻孔砾石，他们还懂得磨光石器的刃口。“麒麟山人”在人类学特征上与今天壮族人的一致性，使我们可以确定，“麒麟山人”也是壮族人的祖先。

位于桂林市中山北路宝积山山腰岩洞中的宝积岩人先民遗址，属旧石器时代晚期遗址，距今约3万年。这里出土的宝积岩人化石属晚期“智人阶段”化石，洞内伴有多种哺乳类动物化石，反映出当时的先民们，处在狩猎为主的阶段，周围环境所能提供的食物来源相当丰富。

距今7500~9000年之间的桂林市南郊甑皮岩古人类遗址，洞口向西南，洞内分为主洞和若干支洞，总面积约400平方米，出土陆栖动物和水生动物骨骼40余种，其中猪科骨骼约367只个体，说明当时的人们已经在进行猪的驯养了。广西远古的先民，是最早开始驯养野猪、饲养家猪的人。

甑皮岩初为人居，后为葬穴。出土人类骨骼30余具，多为曲肢蹲葬式。这种葬式是把死者弄成抱膝蹲踞的姿势埋葬。这种姿势，很像胎儿在母腹中的姿势。很可能，当时的人们对于自己从哪里来，到哪里去，对于生命的起源与终结已经有了长久的思考。屈肢蹲葬，反映的可能是他们对于来生来世的向往。原始宗教已经相当深刻地影响着人们的思想与生活。

在从旧石器时代到新石器时代的数十万年时间里，广西的古人类几乎都采取了穴居的方式。广西许多地方，喀斯特地貌特征十分显著，岩溶洞穴数量大，分布普遍，为古人类提供了天然的庇护之所。古人类所选择的洞穴，多为洞中有洞，有主洞，有支洞；石灰岩溶洞常常深入山腹数十米、数百米甚至更长，其洞口处与深入山腹中的地段，温度和湿度有很大差异，古人类可以根据气候、季节的变化，在洞内变动自己的位置，获得较为适合的温度与湿度；古人类所居住的洞穴，洞口多选向阳背风方向，均在离地面数米之处，如“麒麟山人”所居之洞穴，洞口离地面约 7 米高，而宝积岩人所居洞穴，则在宝积山半腰，这有利于防洪和防范野兽、毒蛇的侵袭。

桂林的甑皮岩是古人类穴居选址的典型例子：甑居岩洞口朝西南，向阳、背风，洞的周围有山林供狩猎，有湖塘供打渔，洞前有平原供采集野生植物，不远处漓江的河滩上，有丰富的砾石，可以作为制作石器的材料。

平安寨晨光

《韩非子·五蠹》中说："上古之世，人民少而禽兽众，人民不胜禽兽虫蛇。有圣人出，构木为巢，以避群害。"随着生产力的进步，广西古人类掌握了断木和搭建的技能，由穴居转为巢居，像鸟儿一样，住在树上。

巢居之后，北方的先民们转向了地居，而广西的先民，创造了木构干阑。

广西木构干阑究竟起源于什么时候，专家、学者说法不一。"干阑"或者相类似的如麻阑、高阑、勾阑等专指干阑的词汇，至今仍在壮语中通用。在壮语中，"干阑"一词的意思是"栈台上的房子"，"麻阑"的意思是"回家"或"回到房屋里"的意思。人类语言发展到新石器时代，已经接近现代的精微程度，我们今天所使用的大量的基本词汇都产生于这一时期。从这个角度来看，广西木构干阑起源的时间，大致是在新石器时代。

在新石器时代，早期的农业已开始出现。壮族是世界上最早种植稻谷的民族之一，对于稻作民族的壮族来说，种下的稻子需要关照、管理，这就产生了在田地附近安排居处的需求，穴居与巢居显然已不能适应，干阑便应运而生。

考古学上的新发现，不断地把干阑起源的时间向前推。在湖南临澧县官厅乡竹马村，发现了旧石器时代的"高台建筑"遗址；在河姆渡文化遗址中，出土的干阑式建筑实物，卯榫结构水平很高，干阑建筑枋柱上的雕刻，图案精美。据此，学者们推测：中国干阑式建筑的历史，似乎可以推定在距今一至两万年前的旧石器时代晚期，其成熟期则在距今6000至7000年前的新石器时代中期。

从甑皮岩文化遗址中所发掘出来的陶器碎片，为这样的推定提供了有力的证据：在一块陶器碎片上，古人类刻画的图形，分明是干阑式建筑：两面坡的屋顶，圆木构筑的墙体，反映出当时的干阑已经具备了今日干阑的雏形。

很可能，在相当长的年代里，古人类的居住方式是穴居、巢居、干阑三者并存的，他们喜欢新家，又留恋旧居。毕竟这三种居住方式各有优点。在夏天和秋天，他们巢居或居于干阑中，到了冬天，他们可能就会回到较为温暖的岩洞里去居住。否则，我们就无法解释，为什么甑皮岩里的陶片上，会有干阑住屋的图形。

古百越族群的聚居地区，十分广大。《汉书·地理志》云："自交趾至会稽七八千里，百粤杂处，各有种性"。也就是说，从今天的越南北部到浙江、江苏，都是百越族群分布的地区。今天，在江苏、浙江等地，已经很难觅到木构干阑民居的踪迹了，而广西的干阑民居，却大量地保存了下来，并且不断地发展着，堪称传统民居“活化石”。

龙胜县平安寨，就是一座典型的壮族木构干阑村寨。

东边群山上方的天空，亮得有些耀眼了。没有云霞，初冬清晨的天空非常干净。这个时候，几只早起的鸟儿飞了过来，落到那株枫树上，高一声低一声地鸣叫。它们的歌唱唤来了轻风，树叶抖动起来，耸立的草茎轻轻摇曳，白色的野花，频频点头。

平安寨传来几声鸡啼，这里那里，有炊烟袅袅升起。

太阳快要出来了，新的一天就要开始。鸟儿的鸣唱、树叶的抖动，晨风和炊烟，还有鸡啼，似乎都在欢迎太阳的升起。它们齐心协力地营造了一种欢快的氛围。

然而，突然间，风停了，树叶不再抖动，草茎不再摇曳，野花停止点头，鸟儿不声不响，平安寨也归于寂静。

似乎一切都在刹那间凝固了，有生命的、没有生命的万物，在这一刻，都屏住了呼吸。

就在这一刹那，在庄严的寂静中，平安寨身后那座最高山峰的峰顶，变成了金色。

太阳出来了。

第一道金光似乎是一个信号，一声命令，晨风又开始轻轻吹拂，树叶抖动，草茎摇曳，花儿点头，鸟儿鸣唱，平安寨里的公鸡引颈高歌，母鸡咯哒咯哒地叫，猪也开始哼哼唧唧。

一旦最高山峰的峰巅被东方投射过来的第一缕阳光照亮，平安寨依托的那一面山坡，便开始了神奇的变化。阳光的移动，像是在自上而下地收

平安寨小街的早晨

平安寨的“龙脊辣椒”素享盛名。图为在村寨下停车场卖辣椒的平安寨妇女

放一幅巨大无比的画卷，像是海平面迅速地下降，阳光所到之处，山野间的绿色与苍黑尽数飞散，长达数十里的一面山坡，在几分钟的时间里，被镀上了黄金，成为金色的世界。

龙脊梯田

广西的少数民族人口居全国之首，壮、瑶、侗、仫佬、毛南、回、京、彝、水、仡佬等10余个少数民族总人口达1820.3万人，占广西总人口4788万的38.3%。壮族人口有1560万人，是全国人口最多的少数民族。居住在广西的壮族，占全国壮族总人口的90%以上。

在历史上，壮族又称乌浒、俚僚、土、僮、布壮、布越、布侬、布工、布沙、布曼、布傣、布偏，1950年以后统称僮族，1965年，将“僮”改为“壮”。

广西的壮族，分布很广，几乎遍及广西所有的地方。桂中、桂西、桂西南和桂西北是壮族传统的聚居地，左江、右江和红水河流域的南宁、柳州、百色、来宾、崇左等城市和地区，是壮族的集中聚居区。

平安寨龙脊梯田

藏在层层梯田中的平安寨

地处桂北的桂林市龙胜各族自治县里,居住着壮、侗、瑶、苗等许多少数民族。在龙胜县的群山里,每个少数民族都有自己相对集中的聚居区,平安寨所属的和平乡,集中地居住着壮族和瑶族。

使平安寨声名远播的,是龙脊梯田。

平安寨的梯田,占地4平方公里,分布在村子周围向阳的山坡上,海拔最低处380米,最高处海拔800米,层层攀升,直达天际,十分壮观。梯田因山势而建,地势开阔处,一块田有一亩两亩那么大,地势局促的地方,田块像鱼鳞一样,小到十来平方米的一小弯、一小条。有人讲过笑话,说一个人去测量田土面积,告诉他有8块田,他量完了7块,怎么找也找不到那第8块田。最后,要下山时,从地上拾起自己的草帽,才发现草帽下边还盖着一块田呢。

龙脊梯田,一年四季都好看,春夏的层层绿浪,秋天的满坡金黄,冬日银妆素裹,弯弯曲曲的田埂织出一幅幅变幻无穷的图案,静谧而又神秘。

壮语称田为“那”。梯田的“那文化”与村寨的干阑文化是一个密不可分的整体,只有将梯田、村寨和村民放到一起研究考察,

平安寨寨中景色

才能窥见壮族文化的真谛，才能真正理解梯田，理解村寨和村寨中的人。

人们称赞平安寨的梯田是山地最好的开垦方式。因为它与坡地相比，有着防止水土流失的突出优点，同时，梯田中的收获，也大大地高于坡地。梯田提供的是细粮——稻米，而坡地一般只能种植玉米、红薯。平安寨的先民们，千百年来一把土一块石地垒筑，他们开垦梯田，是为了从自然中取得收获，但他们对于自然，不是简单地“索取”，更不是肆意掠夺。他们在取的同时，非常注意“取”的方式与规模。实际上，梯田这种人工的形式，比之自然的山坡，更有利于水土的保持。在古代壮族人的意识中，万物都是有灵性的，他们从畏惧自然，到尊重自然，到尊山、水、树、石为神，这样的意识使他们在自然面前谦恭、小心而不狂妄、不放肆。

在近千年漫长的岁月里，人口不断增加，平安寨人正是靠了梯田这种方式，维护了自然，使山坡充满生机，使寨子人丁兴旺。

今天，龙脊梯田不但为平安寨生长出稻谷，同时也为平安寨创造着丰厚的旅游收入。让人看一看梯田，就能赚到钱，这是平安寨的祖辈们绝对想像不到的。他们胼手胼足，用血肉筋骨开垦出来的梯田，今天不但是奇观美景，更把一个大智慧生动地展现在了人们的面前。

壮族、瑶族、侗族、苗族村寨的干阑农居，都是木柱、木梁、

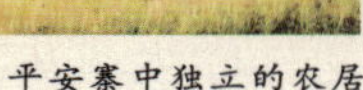
平安寨中独立的农居

村路从晾台下穿过

木板墙，对木材的消耗量很大。无论壮族、瑶族还是侗族、苗族，都有“种树还山”的传统。砍了山上的树，要种回去，而且种的要比砍的多。所以，山林长久不衰，山间泉流不涸。

平安寨里，清一色的木构干阑。盖小青瓦的坡屋顶层层叠叠，像山风吹动的一池湖水。

关于木构干阑，有一个说法最为生动，说木构干阑的底层是畜牧局，第二层是人事局，第三层是粮食局，三局联合办公。意思是：木构干阑的底层是关养牛、猪、鸡、鸭的，第二层是住人的，第三层（阁楼）是存储粮食的。

壮族的木构干阑，一般都建造在一块平地上。在建房之前，要先平整基地，如果是在山坡上建房，平地的面积不够大，就要往后挖一点山坡，在前面用石块垒起挡土墙，填上土，一前一后这样调整一下，一块够用的平地就出来了。

最早的干阑，是“埋柱于地”的，就是把木柱埋一截在地里，像种树一样。现在考古发现的百越族村落遗址，常见地上

村路从干栏居住层下穿过。房屋为村路让出所需空间

有一排一排的圆坑，那就是木构干阑埋设屋柱的痕迹。这种“埋柱于地”的方法，应该是从森林中学来。明末文学家邝露，在他记述广西少数民族风土人情的《赤雅》一书里，也有干阑“埋柱于地”的记载。大概是在清代吧，这种情况发生了变化，改为使用柱础，屋柱便直接立于柱础之上了。

推动这种变化发生的原因，可能有两个，一个是柱子的一截埋在地里，会因受潮而朽坏，人们将朽坏的部分锯掉，木柱便悬空了，那么，就找一块石头来垫上。一根柱子是这样处理了，两根、三根乃至九根、十根柱子都这样处理了，干阑并没有因此而倒掉，这就使人们对自己干阑的结构有了信心，知道即使是不把柱子埋一截在地里，干阑也能站得稳。

另一个原因，应该是受汉族民居的影响。汉族砖木结构民居中，也有相当数量的木柱，那些木柱都是立于柱础之上的。

一般汉族农家的柱础，都是圆鼓形的。广西壮族、侗族等少数民族干阑民居中早期的柱础，则多数不加琢磨，纯系天成，从山上拾一些厚薄大体一致的扁平的石块，拿来垫在柱子下面就成。

干阑的底层是关养猪、牛、鸡、鸭和堆放杂物的，一般都不加围护，有柱无墙，称之为架空层。在柱子之间设一些横板拦一下，也只是以能够关住猪、牛为准，横板之间的距离老宽老宽。

干阑的第二层是住人的，叫居住层，由地面通向居住层的是一道宽宽的、不带扶栏的直木梯。上得木梯，便进入了干阑的主室——堂屋。

堂屋是干阑中最宽大的房间，向阳的一面开有整排的窗户。面对这排窗户的正墙，正中供奉着神位，多数会摆放一张供桌。供桌上方的木壁上，贴一张大红纸，红纸上墨笔竖书“天地国亲师”等字样。神位是壮族木构干阑中的神圣的精神生活中心。与此相对应的，是神位木壁后面的房间，被视为上房，是家中长者的卧室。

堂屋中，设置火塘。火塘中的火，常年不熄。20世纪60年代、70年代时，壮家、瑶家常常是把碗口粗的树干整根地放在火塘里烧，烧掉一截便往里送一截。现在，这种情况已经很少见了。

火塘是壮族干阑中世俗生活的中心，一家人的炊煮、饮食、说笑、烤火取暖，全围着火塘进行。在昔日没有电灯，缺衣少食的岁月里，火塘对于干阑中的农民来说，是太重要太重要了，火塘就是家，就是亲情和温暖。

广西是歌海，各个少数民族都能歌善舞，刘三姐就是著名的壮族歌手。火塘边，是日常唱歌的好去处。晚饭后，男男女女围

平安寨农居堂屋中的火塘

火而坐，山歌便唱起来了，唱壮族的传说布洛陀，唱壮人的历史，唱天地鬼神。壮族情歌，常能将含蓄与直白非常巧妙地融于一曲，如“新买水缸载莲藕，莲藕开花朵朵鲜，金丝蚂蚁缸边转，有水难得拢花前”；又如：“想妹一天又一天哪，妹呀，想妹一年又一年，铜打肝肠也想断哪，妹呀，铁打呀眼睛也望穿”。

壮族人歌不离口。上山砍柴要唱，田间劳作要唱，迎亲要唱，哭嫁要唱，送客要拉着手依依不舍地唱，“三月三”歌节在坡上、河畔、林间更是整天整夜地唱。火塘边的歌唱，便是上述这一切唱的基础。

现在，一家人围在火塘边看电视，成为壮族干阑中一种新的生活方式。

在居住层上面的横梁上架上木板，便形成了阁楼。这里是贮藏粮食的地方。

平安寨人的主粮是稻米。每一家都有脚踏石臼。寨中山涧上的一间小木屋里，还设有水臼。水臼支点后面的水槽里灌满了水，便压着支点前面的臼杆提起，水从水槽里泻出，臼杆便落下，完成一次臼米的动作，如此周而复始，常年不断。村中人只须将谷子挑来，倒入臼中，便可离去，等时候到了，从石臼中将已经脱壳的稻米和谷糠一起舀出来，挑回家去，用木制风车吹去谷糠，米就可以下锅了。现在，几乎家家都有了电动碾米机，脚踏石臼和水臼都已经没有多大用处了，但仍然留着。

农家屋后的石臼

平安寨有一条山路通向外面的世界，山路离开寨子，经过一座风雨桥之后，便一路下坡，通向峡谷底部的金竹河。沿路巨木夹道，野花扶疏，石板路曲折有致，景色极佳。由于游客越来越多，几年前，政府出资为平安寨修了一条沥青路，并在风雨桥下边开辟了停车场。游客们上山下山方便了，却也就没有了走那条古山道的福分。

平安寨的村民，纷纷将自己的干阑木楼改装成旅舍，有些是自家住传统干阑，另盖新式干阑旅舍供游客居住。干阑式旅舍外表与传统干阑差别不大，内里结构则变为一个一个的单间，电灯电话电视浴室卫生间一应俱全，木窗也装上了玻璃。

村路随地势自由上下

龙脊古寨

由平安寨往南走五六里，有龙脊古寨，再往南，还有枫木寨等好几个壮族寨子。村寨都坐落在金竹河峡谷西岸这一面山坡的半山腰，同处在一条等高线上，彼此间的距离，都是五六里路的样子。相邻的村寨之间，稻田挨着稻田，从村寨中走到离本村最远的稻田去，费时也不过半个小时。村寨与稻田间的这种“半小时交通圈”，是在长期的生产、生活中形成的合理而又科学的格局。

在这若干座村寨中，龙脊古寨年龄最大。通常，一个村寨人口繁衍发展到一定的数量，“半小时交通圈”内的田地不够种了，便要分一部分人出去，另立新寨。

平安寨与龙脊古寨之间，有石板路相通。石板路基本上是沿着同一条等高线修筑的。那路，时而浓荫夹道，时而跨涧过溪，峰回路转，山风入怀，令人心旷神怡。所过溪涧，水质清冽，都架有风雨桥或石板桥。

平安寨的农居，彼此距离很近，还形成了一条小街，整个村寨很紧凑，以村寨为核心，周围分布着梯田。龙脊寨却是一个长条形，寨子由谷底沿着山坡向上攀，总长足有1 公里，而最宽的地方，还不到100 米。梯田分布在村寨的两旁。

龙脊寨有4 大姓：廖姓、潘姓、何姓和侯姓，4 大姓分为4 个组团，廖姓组团位置最低，侯姓组团位置最高。各个组团之间，有田块和果园。在各个组团之内，农舍彼此间都拉开一定的距离，家家都种有柿子、柚子等果树，都像单体别墅，既能享受单家独户的宁静自在，与邻居的交往也十分方便。

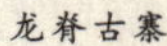
龙脊古寨

一家一户的木构干阑民居，架空层的平面是一个一个横向的长方形。这个长方形，背靠山坡，面向山下，可以自由地向左右两端延长。兄弟数人的几栋干阑木楼连接在一起，成为长长的一排，是常有的事。

木构干阑的架空层平面，极少向前后扩展，因为后面是山，前面临坡。而木构干阑的居住层，倒是经常出现向前或向后扩展的情况。居住层向后扩展，是因屋子背后的山坡是一个斜面，架空层向上升高了2米左右，为居住层赢得了向后扩展的空间；居住层的向前扩展，则常常是伸出去一个高脚的无遮无拦的晾台，晾台上铺木板或竹片，主要用来晾晒稻谷、辣椒等。木结构挑出、加长都很容易，壮族工匠又艺高胆大，创造出丰富多彩、变化无穷的居住层平面形式。

龙胜的山，坡度很陡。在山坡上造房子，是对人类能力的一种挑战。木构干阑不但在那山坡上站稳了脚跟，而且形态极富变化，借山势，因地形，争取空间，巧作安排，既方便生产、生活，又简单易行。千姿百态的壮家干阑，立于天地之间，潇洒而又从容，自信而又乐观，把壮人的精神世界，把干阑文化的内涵，体现得淋漓尽致。

在没有现代化的自来水管网之前，木构干阑村寨里有自己的土“自来水”。人们把整根的竹子一剖为二，去掉竹节，一根承接一根，就把高处的泉水引进村寨中来了。然后，各家各户再用这样的“竹栈”，把水引到自家屋后，用缸接着。这种办法也用在生产上，梯田里偶尔冒出一个小土包，土包上也可以开

龙脊古寨某民居（资料来源：《桂北民间建筑》）

龙脊十三寨中的枫木寨

龙脊十三寨中的龙甫寨

龙脊古寨中横向联体的几栋干阑屋

成田，那田里的水，便是用“竹栈”引过去的。现在，有了自来水，“竹栈”在村子里便不多见了。龙脊寨中，有一条山涧自上而下，穿村而过。寨子里建了一个井亭，就近把涧水引到亭子里，出水口雕了一条卧龙，水从龙口、龙身奔涌而出。龙口之下，设有两三口石槽，洗衣、洗菜十分方便。

木构干阑村寨，最怕失火。自古以来，村寨中关于防火、救火都有许多办法和习俗。龙脊寨里，在几条路的交叉口，设有一口消防石缸。那缸的缸体，由厚4厘米的4块石板扣合而成，上大下小，高1.15米，长1.6米，宽0.9米。缸的4角，各蹲伏一物，为两狮两蟹，均为石雕，造型极为生动。

石缸嵌进斜坡里，斜坡上，有涓涓细流，石缸永远有少许水盈出。

缸体上有铭文。读铭文，知道此缸名为“太平清缸”，置于清同治壬申年（1872年）。

龙脊古寨有两个寨门，村北一个，村南一个。壮寨的寨门，门柱、门框都是石质。据说，龙脊古寨寨门的门扇，原本也是石板。可惜，现在已经换成了木门。

壮寨的寨门，虽然有一定的防卫功能，但更多的，是一种象征，是村寨与山野分界的标志。进入寨门，就进入了寨子，你就是全寨人的客人，大家都会热情地接待你，而你呢，也应该从跨进寨门的那一刻起，就依照寨中的规矩、礼俗行事。

说壮寨的寨门更多的是一种象征或标志，是因为许多村寨有寨门而无寨墙，如果是恶人要往寨子里闯，他完全可以不去碰那石板做的寨门，而从旁边绕过去。龙脊古寨的北寨门，虽然在门两旁各垒了一小段石墙，但石墙很矮，身手矫健的山里人，要翻越过去，绝不是什么困难的事情。

最典型的，要算是桂西田阳县大路村的寨门了。那只是用石块摞成的两根石柱，分立在寨子入口道路的两旁，一高一低，高的将近 2 米，低者约半人多高。虽然是简单到不能再简单了，然而那两根石柱却极富雕塑感，传达出远古文明的信息，让人过目不忘。

金竹寨

金竹寨坐落在金竹河峡谷东岸的半山腰上，与龙脊古寨隔河相望。全寨 80 余户，300 余人。

金竹寨下临山区公路。那条公路，伴金竹河而行，由金竹寨溯河而上，向东北再走上几里路，便有一个岔路口，左去的一条路，上山通向平安赛，往右走的一条路，通往红瑶大寨。

从公路边举步，要爬数百级台阶，才能到达金竹寨的寨门。寨门也是石门框，但没有门扇，也没有寨墙。寨门一侧，有一丛浓密的翠竹，有几株高大伟岸的古松，寨门前有一方小小的石坪。到得这寨门前，人早已是汗流满面，气喘吁吁了。停下来，在树荫

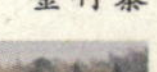
金竹寨

下歇息片刻，让山风把汗水吹干，真是舒服极了。待喘息定了，举目远眺，群山、村寨、梯田、林地，尽入眼中。

金竹寨上山进寨的石板路，虽有小曲折，但大体上是一直往上走的，它穿越整个村寨，成为村寨的纵向主轴。寨子里，主路两旁分出若干条水平方向的石板路，形成“丰”字形的路网。

几排像火车车厢一样连成一体的干阑民居，由低而高，层层排列，形成了村寨的主体。

向上攀延的村路，来到这样的长排干阑面前，便产生了矛盾。壮族村寨解决这个矛盾的办法，是建“过街楼”。

“过街楼”是房屋为道路让路的一种建筑形式。金竹寨长排干阑的“过街楼”，是将道路要经过的那个地方的木屋的居住层的楼板升高一些（屋面仍然与旁边的房屋保持同样的高度），居住层楼板的横梁搭在两边的立柱上，这样，在原来架空层的位置上，就形成了一个“门洞”，道路便顺顺当当地从“门洞”穿过。因为门洞上仍然保留着房间（楼），所以，叫“过街楼”。

“过街楼”的形式非常丰富。壮寨里的石板路，是依山势，就地形安排的，常常是，人怎么走方便，路就怎么修。如果是路形

金竹寨农居晾台

金竹寨某民居(资料来源:《桂北民间建筑》)

金竹寨过街楼

成在先，之后再建造木楼，木楼又与道路有矛盾的话，便用“过街楼”的办法来解决。金竹寨长排干阑中的“过街楼”，则可能是修路与建房同时策划的，既保证了村中主路的顺畅，又保持了长排干阑的整体性。

互相连接的长排干阑，为建造骑楼提供了方便。金竹寨的长排干阑屋，朝向山下的一面，居住层整齐、统一地向外挑出，其下便形成了长长的骑楼“街”。

金竹寨的“晾台”设计巧妙，不拘一格，有的随意旁伸而出，借助邻家的木柱，巧妙地利用两座木楼之间的空间；有的以很长的木杆支撑那“晾台”，很有气势又轻灵欲飞。

金竹寨所处的这一面山坡，坡度很陡，因此，哪怕是一小块平地，也是十分宝贵的，凡能开垦来种植作物的地块，村民一点也不会让它荒废。在许多地方，稻田都嵌入寨子里的干阑木屋之间。尽管如此，村民仍然非常精心地打造寨子里的公共空间，几乎每一个岔路口，都要拓展出一个小小的平台，旁边种上花草，岔路口又常常设置在古松之下，走在这样的村路上，一种节律感会油然而生。

金竹寨中的“骑楼”

金竹寨村路（一）

金竹寨村路（二）

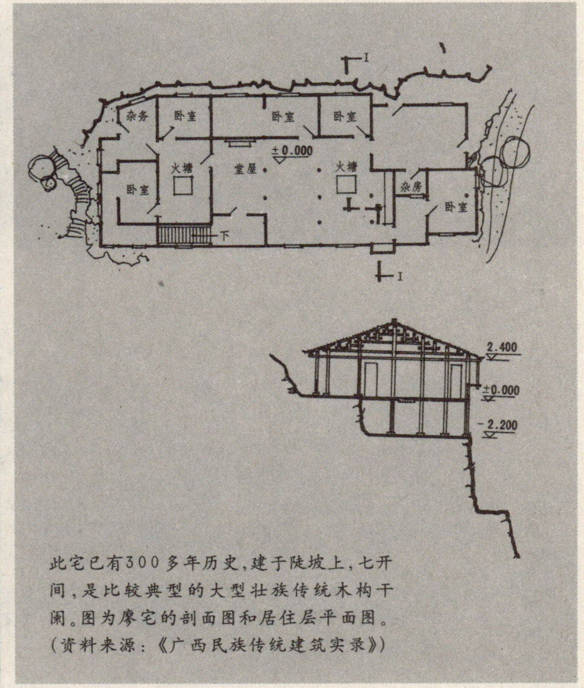
I
杂务
卧室
卧室
卧室
±0.000
卧室
火塘
堂屋
火塘
杂房
卧室
下
I
2.400
±0.000
-2.200
此宅已有300多年历史，建于陡坡上，七开间，是比较典型的大型壮族传统木构干阑。图为廖宅的剖面图和居住层平面图。（资料来源：《广西民族传统建筑实录》）

金竹寨廖宅

坳背村

坳背村的地理环境，十分奇特。

长长的峡谷。峡谷间，一条清流奔腾而下，两岸群山夹峙，形势很是险峻。到得此处，夹峙的群山向后退开，山中便出现了一片开阔地，其间虽有缓坡小丘，但对于龙胜县来说，这样的开阔地已经是十分难寻了。那一道急急奔流的山溪，来到这平缓之地，也变得从容潇洒起来，平缓而又开阔的水面，非常用心地在地上画出了一个十分规范的“S”形，更令人惊奇的是，在河流画出的那“S”形的两个半圆的中间，竟各自冒出一个圆圆的小山包。看上去，真是一幅天造地设的太极图。

坳背村的两个组团，就分别建在两个小山包下面临水、向阳的平地上。碧波悠悠，浅草沙岸，古树渔舟，梯田果林，干阑掩映在绿荫之中，坳背村有着与平安寨、金竹寨不同的美。

坳背村

坳背村景色

因为地势平缓，坳背村的干阑布局便较为随意，或数家、十数家列成一排，或三五家自成一组，也有单家独户离群而居的。

坳背寨的木构干阑，是典型的“高脚干阑”，高大宽敞，凝重典雅。

木构干阑，没有院落，这是与北方院落式地居很不一样的地

坳背村民居。悬山顶，高大宽敞，门开在架空层正中，进门上楼梯达居住层

坳背村民居

方。其实，干阑的架空层，也在发挥着院落的作用。如果将架空层从干阑居住层下面“抽”出来，摆在“落”到平地上的居住层前面或后面，一户带院落的农居不就出现在我们眼前了吗？

种田人家，都得解决养禽畜、堆杂物、放农具的问题。在北方，在屋前围出个院子，问题就解决了。在南方山区，事情就不这么简单，比如像在龙胜这样的山区，陡陡的山坡上，房屋本身立足的一小块平地都要前填后挖才能获得，又到哪里去为“院子”寻找一块平地呢？所以，有院子和没有院子，是环境使然。

在地势平坦的坳背村，木构干阑的架空层宽敞规整，颇有气派。而且，许多农家都在房前屋后种菜、种果树，有的还用绿篱或石块围出方方正正的空间，很有些“榆柳荫后檐，桃李罗堂前”的味道，这是不是一种对于院落的尝试呢？

坳背村有67户人家，300多人，都是壮族。但细细地聊起来，便会发现，这是一个多民族聚居的村寨。在坳背村，不同民族间通婚的情况非常普遍：有外来的汉族人娶了壮族姑娘，也有瑶族、侗族的姑娘嫁给了本村的壮族小伙。这种各族之间通婚的现象，从20世纪20、30年代开始，至今已经发展到第三代、第四代了。常常是，一个家庭里，既有汉族，又有壮族，还有侗族或瑶族。人们能够说出自己的爷爷是什么族，奶奶又是什么族，父亲又娶了什么族的女人。说着这一切，大家都觉得很自然。

不管是来自什么族，是世居本村的还是外来的，今天的坳背村民都说自己是壮族。大家都认同壮族文化，认同壮族的木构干阑屋和干阑屋中的生活方式。

20世纪90年代初，坳背村里也曾出现过那种火柴盒式的红砖房，后经县政府及时引导，村民们也觉得那“火柴盒”实在是不好看，大家又齐心协力地要建设特色村，于是，红砖房退出了坳背村的历史舞台。现在坳背村的村民要么是建正宗的壮族木构干阑屋，要么是对原有的干阑屋进行“内部升级”，给居住层加天花板，给窗户装上玻璃。

村民们很会算帐，农民挣点钱不容易，建一栋红砖房要好几万块钱，花光多年的积蓄之外，恐怕还得借点债。而那红砖房住起来，也不见得就有多舒服。将原有的干阑屋装修一下，跟城里人的居室，也不会有多大差别。省下那盖红砖房的钱，可以送子女上学，可以买新式农机具，可以买良种，买新品种的果树苗，还可以买彩电、冰箱，在干阑屋里，照样能过上现代化的生活。

由于保持了壮族村寨的特色，坳背村对游客的吸引力越来越大，不但桂林人成群结对地来过双休日，就连广东、湖南等外省的客人，也远道驱车而来。来之前，先打电话，报上人数，提出要杀几口猪，几只羊的要求，村办的旅游公司便把一切都准备妥当。待客人到了，当着他们的面杀猪宰羊。那猪、羊肉极鲜美，许多游客吃了第一次，下次还想着来。

不同的地域　不同的干阑

地域不同，干阑便不同。

桂北壮族、瑶族、苗族、侗族的木构干阑，大同小异，都属"高脚干阑"，所用的木料，都是杉木。杉木树干通直，质轻而易加工。桂北的"高脚干阑"，精致而又规整。

桂西田东、田阳的大石山地区，壮族的木构干阑较矮小，架空层尤其低矮，称为矮脚干阑。有些农舍的架空层，以石块垒成墙体。

桂南的龙州、大新等县的干阑，在壮语中称为"勾阑"或"高阑"。当地盛产蚬木，干阑便以蚬木为材料。蚬木坚硬异常，是做砧板的好材料，用来造干阑屋，虽然经久不朽，但加工难度特别大，"勾阑"或"高阑"便比较粗糙。

在桂西德保县等地，另有一种砖木结构干阑。这种干阑的底层虽然仍旧以木柱支撑，但木柱之外，又用墙林围合得相当严密，使底层不再像传统木构干阑那样开敞而成为房间，但依然作关养牛、猪之用。围合底层的墙体，有土舂墙，有土坯墙，也有石块砌筑的墙。底层以上部分，与木构干阑相似。德保县的砖木结构干阑，都是一排好几户，排列得很整齐，家家门前设石阶以供上下。一排干阑两侧的山墙，多采用土坯或砖石砌筑，也有以原土舂墙的。

桂西大石山区田阳县大路村的这种干阑，俗称"矮脚干阑"

桂南龙州县上金乡某村的"高栏屋",主要建筑材料为蚬木

桂南龙州、大新一带盛产蚬木,图为龙州自然保护区内的一株"蚬木王"

德保县都安乡竹敏屯的砖木结构干阑民居

鼓楼 大歌 风雨桥

侗族古歌与侗族村寨

侗族来源于“骆越”（“百越”中的一支），与壮族同为广西土著民族，是广西最早的原住民和开发者。历代移民或屯军到侗族地区的汉族人，有许多融入侗族中。侗族语言，属汉藏语系壮侗语族侗水语支。多数侗族人能讲汉语，会写汉字。

侗族人信仰多神，崇拜祖先，特别崇拜女性祖先“萨母”（或称“萨”），各寨都建有“萨母祠”或神坛。

三江县程阳八寨中的马安寨，三面临河。图中村寨左边为程阳风雨桥

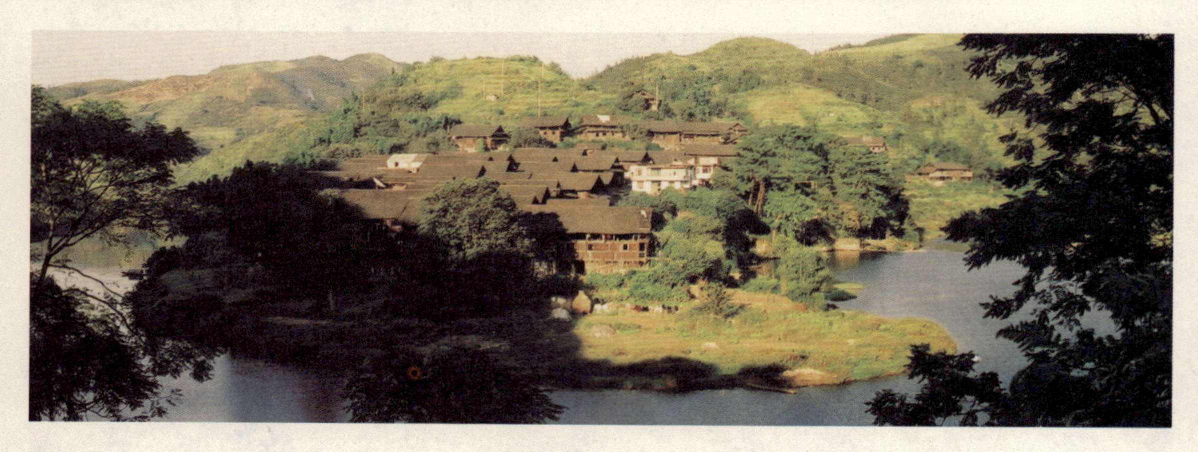

左上图　三江县高定寨

右上图　三江县高定寨

中图　三江县石堰寨，处于河流的三面环绕之中，寨后依山，村寨布局很紧凑

下图　三江县座龙寨，坐落在三面临水的“半岛”上，背山向阳，村旁稻田，山上种植杉树、油茶。寨内民居布局紧凑

三江县林溪临水民居

三江县侗寨

据2001年统计，广西侗族人口为32.07万。

广西侗族的分布，是大聚居，小分散的格局，主要分布在桂北的三江侗族自治县、融水苗族自治县和龙胜各族自治县，这三个县的侗族人口占广西侗族总数的93%，三江县侗族达18万余人。

三江县林略寨

桐乡的石板路

某侗寨局部景观（资料来源：《桂北民间建筑》）

三江县巴团寨　建于河流弯曲开成的“半岛”上，背山面河，寨左为巴团桥

侗族木构干阑的建筑艺术，达到了很高的水平，因此，人们称誉侗族为具有建筑天才的民族。

侗人亲水。侗寨多选址于水边。在三江县，你所看到的侗寨，大多都是座落在河流弯曲所形成的“半岛”上。这些村寨，三面临水，背后靠山，以侗族人的方式，实践着“负阴抱阳”的理念。

侗人善于将水边水草丛生的湿地开垦成良田，称为“垌田”。

桐寨的早晨

三江县牵牛寨

桂北侗族民居外观（资料来源：《桂北民间建筑》）

三江林溪沿河建筑透视（资料来源：《桂北民间建筑》）

侗族也善于开山造梯田。三江县林略寨就是一座建于半山缓坡上的大寨子，虽无河流，但有数条溪涧从村中、村旁流过，保证了生活、生产用水的充足。

侗族还善于造林。侗乡满山满坡的杉树林，都是侗人营造的。

金黄的稻田和苍翠的杉树林，河流和山野，是侗族村寨赖以存在与发展的根本，与侗族村寨共同构成侗乡的优美画卷。

到侗寨中走一走，你会发现三种有趣的现象：

其一，是“户小寨大”现象

侗族村寨一般规模都比较大，三五百户甚至七八百户一寨是常有的事。村寨中，木楼互相连接，柱靠柱，墙贴墙，廊道相通，共用一架木梯上下的情况，相当普遍。

与龙胜县壮族、瑶族木楼高大的特点相比，一家一户的侗居，体量相对来说要小一些。

有学者认为，侗寨的“户小寨大”与高度密集居住，是为了防匪患。但是，同样也面对匪患威胁的壮寨、苗寨、瑶寨，为什么却没有采取三江侗寨这样的高密集居住形式呢？侗族木楼的“小户型”现象又如何解释呢？

其二，“私简公繁”现象

侗寨中，公共建筑应有尽有，且形式多样，选址适宜。作为村寨标志性建筑者，有鼓楼、风雨桥、寨门等等；作为基础设施者，有凉亭、井亭、过街楼、公厕、水井等等；作为生产设施者，有禾晾、鱼塘（兼作防火之用）等等。

与一般侗居的简单朴实形成鲜明对比的是，公共建筑中的鼓楼、风雨桥飞檐翘角，结构复杂，雕梁画栋，气势恢宏。鼓楼必定是村寨中最高的建筑，风雨桥常常是一寨数座；井亭、凉亭在装饰上也都十分讲究。今天的侗乡，仅三江一县，就保存着鼓楼162座，其中，有文献资料可考、确定其始建于清代的52座，1950年之后所建者46座，其余多为民国时期所建，说明侗族人不论世事如何变化，建鼓楼的热情从不衰减。162座鼓楼中，高10米以上者，有60余座，歇山式屋顶为125座，其余为攒尖式。

其三，是“外聚式生活”现象

侗人以村寨为家。侗人迎送客人，围火谈天唱歌，女人刺绣，男人搓绳、打牌下棋，长者对年轻人的教育等等，都习惯于聚在鼓楼或风雨桥上进行；侗族的老人们还有集中到鼓楼中过夜的习俗。侗人的这种超越小家庭樊篱的集体生活习惯，被称为外聚式生活现象。

上述三种现象的原因是什么呢？

有一首侗族古歌，或许能帮助我们寻找答案。

那古歌中说，侗族人的祖先，当初是住在梧州一带，由于人口的增加，资源耗尽了：

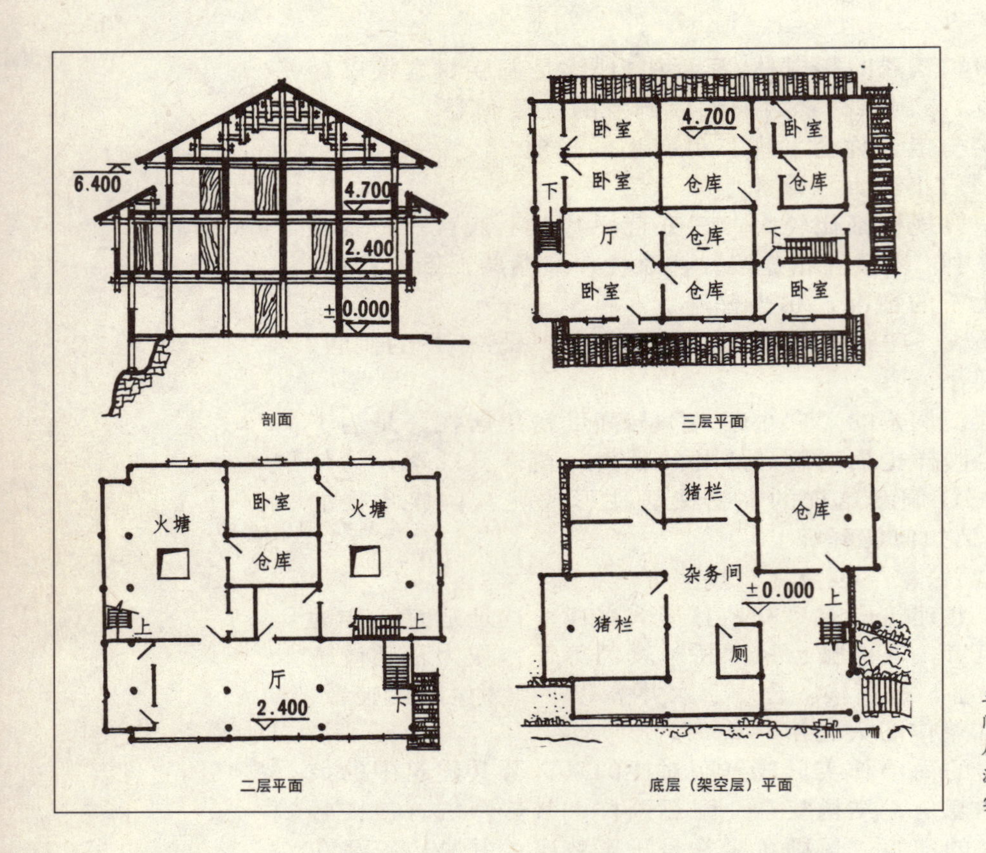

三江县马胖寨杨宅，三开间，三层，带阁楼，二、三层为卧室和仓库（资料来源：《广西民族传统建筑实录》）

鼓楼前的这口水塘，与鼓楼相配，成为寨中一景，同时又是消防水池

三江县马安寨的一个寨门

侗乡的禾晾，立起来的晒谷场。山间平地难寻，人们用这样的办法来解决晒谷穗的问题

侗乡戏台

侗乡戏台

"父亲这一辈，
人满院坝闹嚷嚷；
儿子这一辈，
人口增添满村庄；
姑娘挤满了坪子，
后生挤满了里巷。
地少人多难养活，
日子越过越艰难，
树桠吃完了，
树根也嚼光。
大家相约出去，
找那可以居住的地方。
侗家苗家沿河走，
结伴同行沿河上……
黄雀要找歇脚的落处，
燕子要寻做窝的檐廊。
我们的祖先啊，
四处寻找那幸福的地方。"

（引自：石开忠《鉴村侗族计划生育的社会机制及方法》，华夏文化艺术出版社，2001年）

这是一首蕴含着深刻哲理的古歌。侗族人的祖先，总结了资源耗尽，在故土无法生存的教训。这样的认识反映在侗族村寨中，就有了我们上面所列举的三种现象。

"户小寨大"、"私简公繁"是侗人珍惜资源和资源优化配置意识的反映。充分利用公共建筑，可以有效地节约资源，侗寨中有了足够的公共建筑，一家一户木楼的许多功能，转移到公共建筑中去了，木楼自然就不必盖得那么高大。而为了提高公共建筑的使用效率，也为了就近利用公共建筑，侗寨高密集居住，户小寨大。

鼓　楼

鼓楼是侗族特有的建筑。

一个村寨建设之始，必先建鼓楼。

鼓楼是侗族村寨的象征，是侗族的象征，是村寨和族姓的标志。在广西侗乡，一个村寨若是只有一座鼓楼，你便可以依此断定这个寨子里的居民全是同一个姓氏，或者同一姓氏的居民占了绝大多数。在三江县林略、独峒、高定，在龙胜县地灵寨这样的大寨子里，生活着不同姓氏的居民，所以村寨中就有好几座鼓楼。有时候，同一姓氏的居民，居住在村寨中不同的组团里，各个组团也会建自己的鼓楼。

侗语称鼓楼为“播顺”，即“寨胆”。鼓楼是村寨的灵魂，是凝聚村寨，凝聚族群的磁极。

明代散文家、侠士邝露在他的《赤雅》一书中，对鼓楼有这样的描述：“以大木一枝埋地，作独脚楼，高百尺，烧五色瓦覆之，望之若锦鳞矣，板男子歌唱饮嗷，夜缘宿其上。”

邝露所描写的“独脚楼”，在今天的侗乡，已经见不到了。“以

三江县独峒镇某寨鼓楼

多姿多彩的鼓楼

一般情况下，戏台的位置是隔着鼓楼坪与鼓楼相对或设在鼓楼的前方一侧。三江县独同峒镇的这座戏台，与鼓楼连为一体，戏台前面是鼓楼坪

大木一枝埋地，作独脚楼”，应是脱胎于巢居的，但它不是一般的“居”，因为虽然男子们“夜缘宿其上”，但也只是男子们如此，并非整个家庭的男女老少皆夜宿于此。这种独脚楼的主要功能，是供公众交流、休憩、娱乐（歌唱饮嗽），所以它是公共建筑。

关于鼓楼的起源，在三江、龙胜等地，流传着这样的故事：从前，有一位聪明而又漂亮的姑娘，名叫姑娄娘。姑娄娘和寨子里的人们一起，过着平静的生活。可是，强盗们却打起了村寨的主意，要劫掠村寨的财物并掳走寨中所有的姑娘。寨中人得知消息，很是忧愁。聪明的姑娄娘便向寨老献了一条妙计。天黑以后，寨老依计而行，命人将寨门打开，指挥青壮年男子埋伏在暗处，专等盗匪前来。盗匪果然来了，轻而易举就闯进了村寨。这时，姑娄娘带领姑娘们一齐用手掌击打蓝靛桶中的水面，其声若鼓，这是信号。青壮年们闻声从暗处杀出，制服了盗匪。事后，寨子里的人便议定造一座木楼，楼中悬鼓，每遇大事便击鼓聚众，击鼓传信。

鼓楼大体可以分为塔式和廊阁式两类。顾名思义，廊阁式鼓楼像廊、像阁，它的外形与风雨桥很相似。

塔式鼓楼最能反映鼓楼的特性。

塔式鼓楼外形如塔，高耸挺拔，其位置常常处于村寨的中心。

塔式鼓楼最典型的结构体系，是以4根杉木巨柱围合成正方形（或矩形）作为主承重柱，其间以穿柱连接，构成鼓楼的内柱环，也是鼓楼最主要的承重结构。在内柱环的外围，再立12柱，形成外柱环，内外柱环之间，以横梁连接，使之成为一个整体。外柱环和更外一层的檐柱，层层向上等距离收分，鼓楼的外形便呈现下大上小的立面，直至塔顶的葫芦宝顶。

塔式鼓楼的这种内4外12双环结构，再加上更外面一层的12根檐柱，三环同心，创造出极强的内向性效果。内环的中心，常常就是火塘的置放处，火塘成为焦点。

塔式鼓楼的楼身，多为六面体，象征着天、地、阴、阳、男、女的阴阳对应与组合；鼓楼的檐层，均为单数，少则三层、五层，多至十五层、十七层，单数象征着“变化”，象征着“活”；塔式鼓楼的顶，为攒尖式或歇山式，其上多饰以葫芦，葫芦象征着福、禄，即幸福与财富；鼓楼的4根内环立柱，象征一年四季，12根外环立柱，象征一年的12个月；鼓楼中的各种彩绘、装饰，也都含有吉祥或镇邪的含义。

鼓楼中内环的4根立柱，还有更深刻的含意。

侗族传说中，最伟大的神是“萨”或称“萨天巴”，侗族的《远古歌》将萨天巴描绘成造天造地造万物之神：

“远古那时候，
天地茫苍苍，
无孔也无缝，
混沌而洪荒。
只懂得有个神婆萨天巴，
传说她是天地的亲娘。
萨天巴造地取名叫‘嫡滴’，
生天取名叫‘乌闷’，
地是摇篮为母体，
又生诸神在上苍……”

萨天巴在世间的形象，是一只金斑大蜘蛛，她织天造地织万象。她有四只手，四只脚，她双眼千珠，放眼能量八万方。萨天巴的伟大功业之一，是她曾带领侗人的祖先姜夫和马工补天修地，用4根柱子把天撑起来。

所以，塔式鼓楼的典型柱式，也是内环的4根柱子由下而上，一直通向塔顶，“把天撑起来”。

这4根立柱，叫做“金柱”。

侗人每造一座鼓楼，都会根据自己的美学追求进行新的创造，并力求与周边环境协调。因此，侗乡的鼓楼，各有各的样子，各有各的性情，仅就塔式鼓楼而言，内4外12的双重柱环体系和绝大多数正方形的平面布置，尽管是其基本形式，但侗人仍能在这基本的规制中生出无穷的变化，有的鼓楼内柱环是4根主柱而外

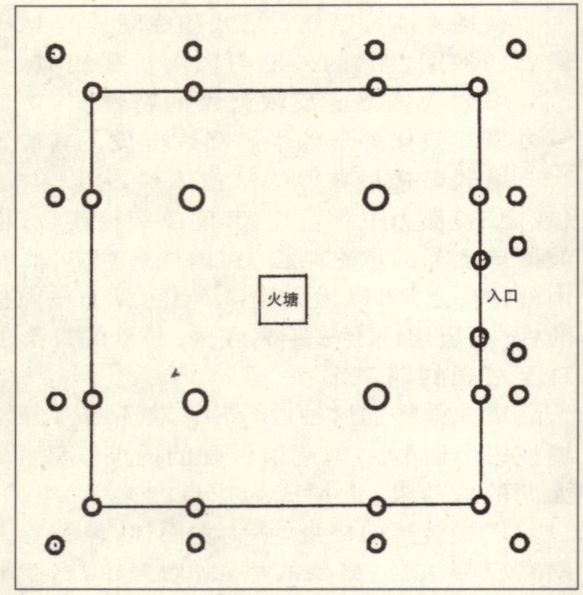

鼓楼最基本的平面与柱式示意图

鼓楼坪上的歌舞（一）

鼓楼坪上的歌舞（二）

鼓楼坪上的歌舞（三）

柱环并不强求12之数，它可以是8柱、6柱、10柱，甚至也可以是4柱；还有的塔式鼓楼并不求高、求大，而是造得小巧玲珑，使人倍感亲切。

鼓楼前，一般都建有一个小广场，侗人呼为“鼓楼坪”。鼓楼坪旁边，一般都会建一座戏台。戏台或在鼓楼对面，与鼓楼隔鼓楼坪相望，或在鼓楼的左前方或右前方。鼓楼、鼓楼坪、戏台的这种组合，在侗寨中非常多见，我们称之为“鼓楼组合”。鼓楼组合是侗寨中最重要的公共活动空间。

马胖鼓楼

马胖鼓楼是三江县八江乡马胖村的鼓楼，是桂北地区传统鼓楼建筑中规模最宏大、结构最严谨、最具代表性的鼓楼。初建于清代。由于多次遭遇寨火，几经重建。现在我们见到的马胖鼓楼，建于1943年。

鼓楼平面为正方形，边长11.8米，楼高12.5米。9层重檐，穿斗式结构，小青瓦屋面，歇山顶。屋檐微微向上起翘，尖端饰以凤头灰塑，造型雄浑沉稳。

与塔式鼓楼多处于村寨中心不同的是，马胖鼓楼建于村寨的边缘。鼓楼旁边有古枫古榕数株，浓荫匝地。鼓楼下临八江河。八江河河面宽阔，水流平缓，鼓楼的沉稳凝重与八江河平缓如镜的水面，相互辉映，十分和谐。

鼓楼坐北朝南，面向村寨开门，右后侧为寨门，前方隔着鼓楼坪，建有戏台一座。寨门、鼓楼、戏台、鼓楼坪共同组合成村寨中最重要的公共建筑群。

鼓楼前的鼓楼坪上，至今立有两块石碑，其中一块是清光绪

马胖鼓楼与马胖河（鼓楼前为寨门）

马胖寨某宅入口(资料来源:《桂北民间建筑》)

马胖鼓楼（前为鼓楼坪，左后为寨门）

马胖鼓楼檐角装饰与楼中的鼓

二十三年（1897年）十月初七日当时的县政府下的一道“奉谕咸熙”告示，告示全文为：

“署理柳州府怀远县事，初用直隶州，即补县正堂，加五级，纪录五次高，为出示严行查拿事，案据马胖团武生吴昌义等具禀。该团三十余村，苗侗杂居，性情朴拙，常有外来游棍，因其愚懦，易于欺诈，动辄成群结党，向各村民倚事生端，恣行吓索，又或赌肆偷窃，撬门挖孔，盗取马牛，奸弊丛滋，实属不堪其扰，恳出而行查禁等情，除派差往密查拏外，合行示谕，无此示，仰该团人民等，一体遵照，嗣后如有前项匪棍，纠伙入境，向尔等恣其故态，扰害地方，准即约众拘拿，解送到案，定即按律从重惩办，决不姑容。至宵小盗窃牛马，尤于乡曲农民大有妨害，应即一并严拿治究，有犯必惩，庶免贻患于胡底也。

光绪二十三年十月初七日告示，实贴马胖村晓谕。”（引自《三江县志·碑文选》）

另一块石碑，刻写的是同年马胖村民议定并立下的条规，共列出罚则30条，碑文全文如下：

“马胖乡苗侗族条规开列于后：

半路强截，公罚钱六十四千文。挖墙破壁，公罚钱三十二千文。私开赌博，公罚钱一十二千文。倒翻田产，公罚钱一十二千文。拐带人口，公罚钱三十二千文。强盗告失主，公罚钱一十二千文。私代官讼，公罚钱一十二千文。借名吓索，公罚钱八千八百文。偷盗鱼塘，公罚钱八千八百文。横行油火，公罚钱八千八百文。私骗帐目，公罚钱八千八百文。收买黑货，公罚钱八千八百文。勾生吃熟，公罚钱六千六百文。银匠私集铜银，公罚钱一十二千文。头人受贿，偏袒不公，公罚钱六千四百文。偷田塘水，公罚钱四千二百文。放断头贷，公罚钱三千二百文。停留生面，公罚钱二千二百文。偷盗田禾，公罚钱四千四百文。偷盗茶子，公罚钱四千四百文。偷盗棉花，公罚钱二千二百文。妄倒竹木，公罚钱一千二百文。偷盗鸡鸭，公罚钱一千二百文。放火烧山，公罚钱一千二百文。乱捞鱼塘，公罚钱一千二百文。私买柴火，公罚钱一千二百文。偷盗菜园，公罚钱八百文。

光绪二十三年十二月吉日碑立”（引自《三江县志·碑文选》）

华炼鼓楼

华炼鼓楼位于三江县独峒乡华炼寨中的高坎上，挺拔高耸，十分突出。始建于清代，七层檐瓴，高19米，攒尖顶，平面为正方形。

华炼鼓楼清秀挺拔，兼具雄伟清幽之美，在桂北塔式鼓楼中，独具特色。

鼓楼下四层为正方四面，上三层为八角屋面；每层屋面之间的间距较大而收分较小，顶层的攒尖顶，更特意加大了与第六层

华炼鼓楼（前为鼓楼坪，左前为戏台）

屋面的距离，增强了鼓楼通透、轻盈、高耸、挺拔的效果。屋面形式的这些变化，使鼓楼显得活泼生动，与马胖鼓楼的凝重沉稳形成鲜明的对比。

在装饰上，华炼鼓楼强调攒尖顶部分，屋顶饰以宝葫芦顶，屋脊边加以粉饰并设以飞檐翘角，翘角为侗族建筑中喜用的牛角形。各层封檐板均刷成白色，与屋面黑色的小青瓦形成强烈的对比效果，使鼓楼显得格外醒目。

牙寨鼓楼

三江县独峒镇牙寨，坐落在陡峭的山坡上，在地形条件十分局促的条件下，经过巧妙的经营，牙寨鼓楼组合不但鼓楼、鼓楼坪、戏台样样齐全，而且在一座塔式鼓楼的侧面，还多建了一座廊阁式鼓楼。

牙寨鼓楼组合的特点，是塔式鼓楼与戏台相对设置，二者之间，是狭长的鼓楼坪，与鼓楼坪平行，增设一狭长的廊阁式鼓楼（村人称之为长楼）。

在营造时，可资利用的平地，只是宽约10米，长约30米的一条，倘若在这块平地上建鼓楼，建戏台，那就不会有鼓楼坪的位

牙寨鼓楼（前为狭长的鼓楼坪，隔鼓楼坪与戏台相对，右前为狭长的长楼）

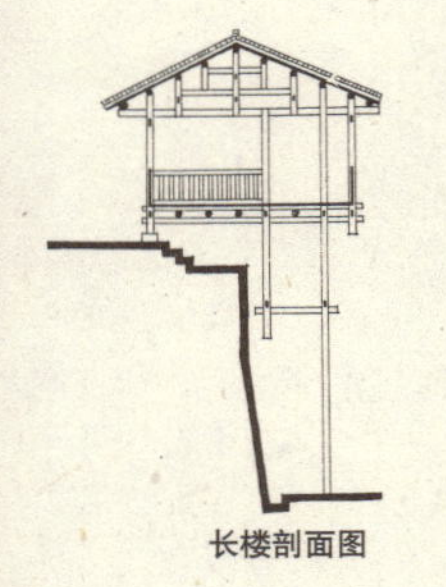

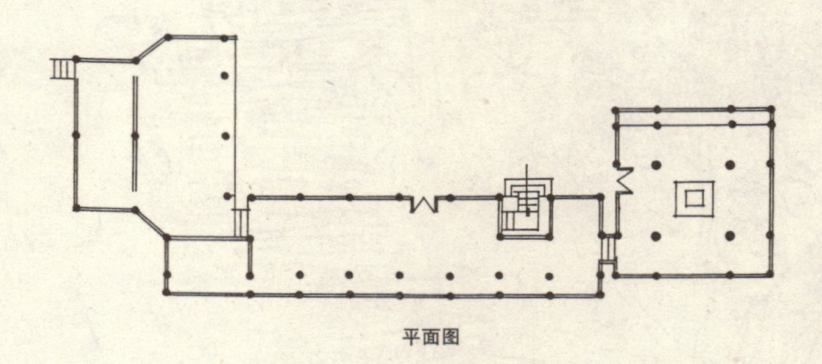

牙寨鼓楼、长楼、戏台布局（资料来源：《桂北民间建筑》）

置了。牙寨的做法是，将那一块狭长的平地，全部留给了鼓楼坪，将最重要的塔式鼓楼整个儿建造在狭长平地一端之外的斜坡上，以长短不一的立柱为鼓楼创造出一个底层平面。用同样的方法，在狭长平地的另一端之外，建造了一座戏台，戏台之下，让下山的道路穿行而过，戏台成了一座“过街楼”。

人们又造了一座长楼，使之与鼓楼坪平行，长楼同塔式鼓楼

牙寨鼓楼组合中的长楼凌空挑出，下以木柱支撑，一条道路从木柱间穿过，可上达鼓楼坪
（资料来源：《桂北民间建筑》）

一样，也是凌空架设在陡坡上空；和戏台一样，下面也有道路穿过。这样，长楼不但不与鼓楼坪争地，而且还用自己的宽度加大了鼓楼坪的宽度，二者加在一起，创造出一块长宽比例适当的、处于同一平面上的公共活动空间。

长楼的对面是民居，在民居之间，人们铺设了宽宽的石阶，有效地缓解了狭长的鼓楼坪在建筑群的围合之中的压抑感，增强了鼓楼组合的开放性。

大　歌

侗人能歌善舞。一首侗族大歌的多声部合唱，曾轰动了欧美，打破了中国没有原创多声部合唱的“定论”。

在侗人的生活中，歌唱占据着非常重要的地位，侗乡流传着“不会唱歌难作人”的说法，即是说，不会唱歌，就不是一个合格的侗人，就难以在社会上立足。侗人以歌抒情，以歌代言，以歌记史，以歌叙事，以歌评说是非曲直，以歌论证伦理道德……“饭养人体歌养心”，侗人把歌与饭相提并论，饭是物质食粮，歌是精神食粮，二者缺一不可。

侗歌的内容非常丰富，有古歌（讲述民族的历史和英雄故事）、礼俗歌、劳动歌、父母歌、儿歌、情歌等等，碰上什么事情就唱什么歌，常常是即兴创作，随编随唱。

在侗歌中，“大歌”是一人领唱，众人合唱的多声部合唱形式，歌声如山峦起伏，如江流宛转，如风过山林，如百鸟齐鸣，优美动听，意境深远。

侗族“多耶”是一种边唱边舞的集体歌舞形式。在节日、迎宾等重大庆典或礼仪活动中，人们聚集在鼓楼坪上，男女各围成一圈，男人各以手攀住同伴的肩头，边唱，边摇头顿足，女人则手拉着手，边舞边唱，气氛非常热烈。

琵琶歌是弹着类似三弦的琵琶琴，边弹边唱。青年男女在谈情说爱时，坐在鼓楼或家中的火塘边，常常会唱起琵琶歌，谓之“行歌坐妹”。

歌舞庆典，多在鼓楼坪上举行。歌舞时必有大小芦笙合奏。小芦笙高亢，大芦笙深厚，几十枝芦笙吹起来，人们唱起来舞起来，鼓楼坪就成了欢乐的海洋。

鼓楼前的歌舞，自然少不了关于鼓楼的内容。侗歌中，有专门赞颂鼓楼的歌，特别是当一座新鼓楼建成庆祝的时候，人们便会唱起赞美新鼓楼的歌：

“鼓楼雄奇耸云天……
庆新楼，芦笙耶歌舞翩翩，
楼阁高耸像宝塔，
欲挥翅膀飞云间。
后面衬山近过峡，
玉带之水绕楼前，
白虎右边护祖宗，
功名富贵世袭沿。
青龙左边远来朝，
金银瑰宝进万千。
四方星照旺财源，
文武能人出万千。
发富登天遍村寨，
家家头上万亩田。
玉皇龙王常到楼中坐，
保佑人们安康庆丰年。”
（摘录自三江侗族自治县三套集成办公室编写的《侗族琵琶歌》）

鼓楼建造的备料，施工过程，同时也是一个团结村寨，凝聚人心的过程。

修建鼓楼所用的小木料，由寨中各家各户捐献，以此表明鼓楼是全村（或全族）人共同修建的。木料成为鼓楼的构件，象征着每家每户甚至每一个人都是鼓楼的一部分。

建造鼓楼的大木料，比如主柱的献料，是有讲究的，按例由本寨（或本族）中在此居住时间最长的家庭捐献，这种捐献主柱的资格是世袭的。这种风俗要表明的含意是：村寨是由这些老住户发展起来的，它们构成了村寨的主体。

鼓楼在立架前，由寨老和村中老人商议，选择几十名青壮年作为工匠的帮手，选择的标准，是父母健在、家中没有非正常死亡者。这样的标准，包含着祈求吉祥的意思。

建鼓楼，是村寨中的大事，除献料之外，村寨会全体动员，有钱捐钱，有米捐米，也可以捐装饰鼓楼的彩绸、牌匾、绢花，还可以送酒菜、糯米饭到工地。捐钱捐物，不拘多少，多捐者不必骄矜，捐得少的也不会有人笑话，重在参与，重在诚心。建鼓楼的劳作，更是全寨男女老少积极参加。上山伐木，将木料抬下山，是青壮年男人的事；挖土递瓦，则男女都可以干。建鼓楼的工地上，常常飞扬着欢声笑语。

侗族没有文字，在鼓楼中传唱的民歌，记述了民族的历史，族群的历史，总结了生产劳动的经验，也宣讲遵老爱幼，爱护山林村寨，团结互助的道理。鼓楼成为村寨中的文化活动中心和教育基地。村中老人在鼓楼中，对青年后生讲说道理，诲人不倦。侗族关于控制生育的方法和用药，也常在鼓楼中由老人向青年人传授。

在鼓楼这个“课堂”里，一切的教育活动都以歌唱或叙家常的方式，自自然然地进行，亲切生动、易于接受。千百年来，这样潜移默化式的教育，继承了侗族社会的文明传统，培育了一代又一代侗人，成为侗族社会稳定、健康发展的有力保证。

风雨桥

在侗族木构干阑建筑中，风雨桥是与鼓楼同等重要的公共建筑和标志性建筑，同时，它又是河流纵横的侗乡中不可或缺的交通设施。

风雨桥，将桥、廊和亭（或楼）合而为一，从而也就将多种功能集于一身。风雨桥又称廊桥、楼桥、花桥，在侗乡，因其横卧江上，犹如卧龙，人们又称之为回龙桥。

风雨桥并非广西侗乡所独有，在中国的西南、西北、华南、华东的广大区域里，分布着数目繁多、风格各异的风雨桥，国外也有廊桥。然而，若论历史悠久、规模宏大、多姿多彩，融于完整的建筑体系之中而又独具特色，当推侗族风雨桥。

关于风雨桥，广西龙胜县侗人中流传着这样一个故事：

很久很久以前，侗寨中有一对恩爱夫妻，男的叫布卡，妻子叫培冠。有一天，夫妻二人经过村前河上的小木桥到对面山上干活，突然河中掀起巨浪，将培冠卷到河中，不见了踪影。布卡和乡亲们潜下水中寻找，却再也找不到美丽的培冠。原来，是河里的一只螃蟹精，把培冠掳到河底下的岩洞中去了。螃蟹精逼迫培冠作他的夫人。上游的小花龙听到培冠的哭声，赶来援救，与螃蟹精从河中打到天上，又从天上打回河里。最后，螃蟹精败了，变成一块黑色的巨石，再也不能为害人间，培冠也回到家中与布卡团聚。寨中人感念小花龙的见义勇为，将河上的小木桥建成一座美丽的大桥，桥上亭、廊相连，四根亭柱上刻画着小花龙的形象。

大桥落成那一日，乡亲们齐聚桥头，吹芦笙、唱耶歌，举酒庆贺。这时，天空飞来一片彩云，小花龙驾着彩云，回来看望大家了。从此，人们便将这样带有廊阁的木桥称之为风雨桥。

侗乡河流纵横，风雨桥不可胜数，仅三江一县，现存的风雨桥，就有108座之多，其中始建于清代的26座，建于1912～1949年的40余座，其余为1949年之后所建。侗族人建造风雨桥，是将其作为艺术品来精心雕琢装饰的，在三江县现存的108座风雨桥中，桥亭顶盖为歇山式者，达90%以上。

侗人的生活与感情，与风雨桥密不可分。

临水而建的侗族村寨，河流划出村寨的自然边界，架设于村头水面上的风雨桥，成为村寨边界上的界碑，同时兼作村寨的寨门。迎送宾客的礼仪，常常在风雨桥头举行。客人踏上风雨桥，便意味着走进了村寨。

侗族村寨，民居密集，民居单体体量较小，也不多作修饰，整体上给人以朴实典雅的感觉。杉木柱、墙由于久经风雨而变成灰

多姿多彩的风雨桥

褐色，黑色小青瓦屋顶连绵起伏。当雨水将村寨打湿，将松、杉林染得青翠，将稻子火焰般的金黄调和得温柔的时候，村寨与周边的山、林、田野便融入了雨中，变得十分和谐。这个时候，远眺侗寨，村寨中高耸的鼓楼和横卧村头江上的风雨桥，一横一竖，显得十分突出，使朴实典雅的村寨景观丰富起来，生动起来。鼓楼和风雨桥，是村寨景观的两只眼睛。

鼓楼挺拔高耸，有阳刚之气；风雨桥修长婀娜，在碧绿江水的映衬下，更添几许妩媚，鼓楼的阳刚之美和风雨桥的阴柔之美互相映衬，体现着侗人阴阳对应，阴阳调和的理念。

风雨桥的好处，是她的廊、亭下可以避雨遮荫。沿着桥栏，设置着长条的木凳，木凳宽宽的，可坐可卧，桥栏杆恰好可做靠背。

侗人迎接客人，送别情人，都会在风雨桥上唱歌，男女青年谈情说爱，也爱选择风雨桥的黄昏之后。

多姿多彩的风雨桥

女人们走亲戚，喜欢约好了在风雨桥上聚齐，走亲戚总要挑上酸鱼、酸鸭、糯米之类。酸鱼、酸鸭用绿油油的荷叶包着，装在小竹篮子里，用小竹扁担挑着。侗家女人爱穿石青色的衣裤，一溜儿石青色的女人从风雨桥上走进青山绿水之间，那是侗乡一道美丽的风景。

风雨桥的桥面，是搭在水上的平台，宽宽平平的，又不怕日晒雨淋，侗人，特别是侗家的女人们，看好这个地方，把许多活计，都拿到风雨桥上来做。风雨桥长长的，最适合搓绳搓线，女人们便把家纺的棉线拿到桥上来搓。男人们有时候也把稻草搬到桥上来，几个人边干边玩，金黄的稻草在不知不觉之间，就变成了长长的草绳。

临近墟场的风雨桥，在赶墟的日子里，会被当成墟场的延伸部分来用，活鸡、活鸭、鸽子、兔子、烟叶、草药、日用百货都会摆到桥上来，风雨桥这个时候就变成了交易场所。

风雨桥是侗人集中供奉神明和贤哲的地方。风雨桥的桥亭较桥面要宽一些，那宽出去的部分，常常会被围合起来，成为一间小屋子，内设神位，专门用来供奉侗人所尊崇的神灵、贤哲。程阳桥有五亭，五亭中均供有神位；岜团桥三亭，三亭也都供有神位。

侗人最尊崇、供奉最隆重的是武圣关羽、文圣孔子和忠臣岳飞。这三位，在风雨桥上，占据着最显赫的位置，他们的塑像或画像也最大。其他的神，如太上老君、财神、魁星之类，常常被放在了不大显眼的地方，身材也要小许多许多。

从风雨桥上的供奉来看，关羽是侗人心目中最伟大的英雄，一张红脸，五绺长须，身后周仓手捧青龙偃月刀，那形象是中国各族人都十分熟悉的。关羽神位前的桥柱上，刻着或贴着对联，对联的主要内容，是称赞他过五关斩六将、单刀赴会、水淹七军等等英雄业绩，突出他的“忠”和“义”；供奉岳飞，强调的也是忠。

风雨桥上供奉的关羽神位

侗人供奉关羽、孔子、岳飞，显然是受汉族文化的影响，但汉族文化中要供奉的神何其多，侗人却只偏爱这三位。侗人的这种选择，反映出了侗人的价值观——他们崇尚忠诚，崇尚义气，崇尚勇敢。忠、义、勇是侗族男人所追求的美德，也是侗族社会对于侗族男人的评价标准。侗人讲信义，重承诺，守规矩，侗人的这些美德，保证了侗族社会的稳定有序，持续发展。

风雨桥上并排供奉的关羽和岳飞

虽然有些关羽的神位装饰得很是庄重精美，但这并不影响侗族风雨桥世俗的环境气氛。该烧香的时候，侗人会到风雨桥上去为关圣帝君烧上几柱香，礼拜一番，但礼拜之后，尽管香烟还在缭绕，风雨桥上却早已恢复了世俗的生活。人们该干什么就干什么，自由自在，散淡从容。

风雨桥是属于侗族老百姓的，属于他们的日常生活，而不属于神。

程阳风雨桥

程阳风雨桥又名永济桥，规模宏大，结构严谨，造型优美，几乎集中了侗族风雨桥和侗族木构建筑的所有特点，是侗族文化精华的结晶。

侗乡木构风雨桥，除桥台、桥墩以石块或料石垒砌之外，上部全为木构架。

桥墩费工费料，施工难度大，增大单跨的跨度，减少桥墩的数量，成为造桥工程中最基本的课题之一。侗族风雨桥的密布式悬臂托架简支梁体系，在解决这个难题上，创造了光辉的范例。

程阳桥位于三江县林溪乡马安村（程阳八寨之一）前的林溪河上，两台三墩四跨，桥面全长77米，宽3.8米，每跨净距14.8米，两台三墩上均建有楼亭。五座楼亭之间以长廊相联，廊亭（桥盖）全长81.9米。五座楼亭的屋面均为四重檐，其中两端的两座楼亭屋面为歇山顶，二、四两座楼亭的屋面为四角攒尖宝葫芦顶，中亭为六角攒尖顶。五亭及连廊均盖小青瓦，封檐板白色。楼亭戗脊端部全部做成牛角状。楼亭屋顶形式的丰富多彩，黑白相间的色彩和重檐以及戗脊的造型，使程阳桥显得既典型凝重，又潇洒轻灵。

程阳桥的桥墩，以料石砌筑，每墩长8.2米，宽2.5米，菱形，如同一个矩形两端各加一个等腰三角形，三角形的顶角角度约为70°。将

三江县程阳风雨桥

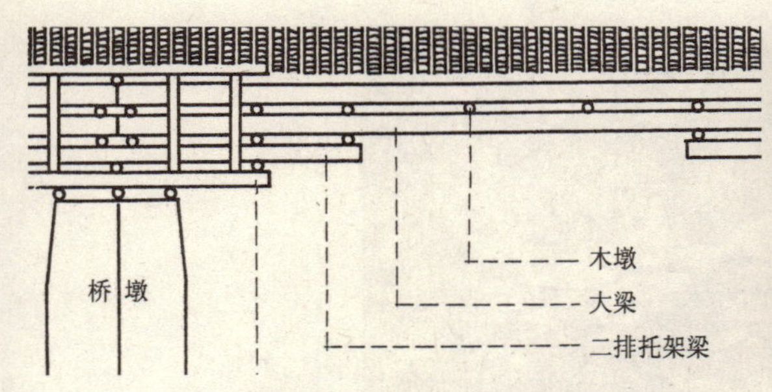

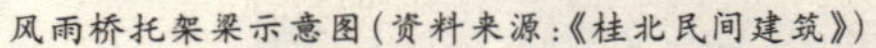

风雨桥托架梁示意图(资料来源:《桂北民间建筑》)

风雨桥桥墩、托架梁、桥面

“程阳风雨桥”鸟瞰(资料来源:《桂北民间建筑》)

程阳八寨

程阳桥

桥墩迎水和背水的两面都做成这样的尖角，有利于减弱水流对桥墩的冲击力，70°上下这样的角度，是侗人多年研究与实践得出的最佳角度。侗乡风雨桥的桥墩，多采用这种形式。

程阳桥各桥墩之间的间距为17.3米，木梁两层，每层由9根杉木并排联结而成，梁上铺木板，桥下设外挑1.2米的腰檐。

据《三江县志》的记载，程阳桥始建于1912年。首倡建桥者之一的陈栋梁撰有序文一篇：

“……是以急公好义有为之士，集会商议，兴修舆桥，俾永古便利行人济渡，故名曰永济桥。诚因工程浩繁，独立难支，故订缘簿，四方募捐。深蒙各界仁人志士，善男信女，慷慨输将，解囊乐助，捐金献银，同修善念，舍木施工，共襄美举，集腋成裘，鸠工兴建。惨淡经营，十载于斯。而今工程告竣，荡荡坦道，通达四处，巍巍楼阁，列竖江中。往来称便，远近讴歌。谨此勒石标铭，垂芳百世，为后来好善者劝焉。是为序。”（见《三江县志》）

陈栋梁是马安村

程阳桥

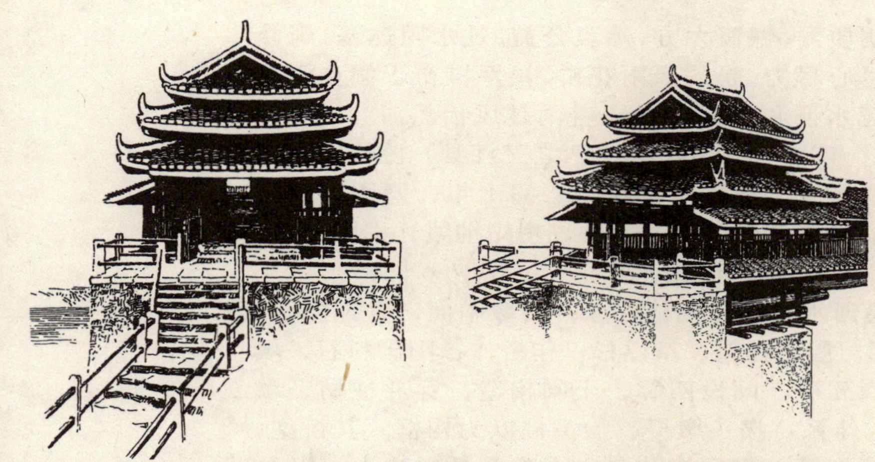

程阳桥西桥头透视(一)(资料来源:《桂北民间建筑》) 程阳桥西桥头透视(二)(资料来源:《桂北民间建筑》)

人，是程阳桥的设计者。他写的这篇《永济桥序》，刻成石碑，立于程阳桥头。

《三江县志》中，关于程阳桥的记载，可以与陈栋梁的序文互相印证，让我们对程阳桥的修建和维修、重建有更具体地了解。县志云：

“程阳永济桥址，在清代原有一条石板桥，由于桥面陡窄低矮，河水经常漫过桥面，过桥时令人感到不便，遇到山洪暴发，便望河兴叹。为改变这种状况，马安村陈栋材、陈栋梁、杨金华、杨锦邦，岩寨村杨唐富、梁昌宗、陈文明等，于辛亥（1911 年）夏，倡修风雨桥，程阳乡八寨群众和经常过往客商，即踊跃捐献钱财，捐工捐料。经过长期施工，至1920 年始架大梁，安装楼亭，1924 年峻工，历时12 载。

建筑永济桥所用料石达160 立方米，杉木400 多立方米，青瓦22 万块，总计银元5 万余。参加建筑的工匠有：独峒乡平流村侗族木匠莫士祥，华练村侗族石匠杨通义，牙屯堡侗族泥瓦工粟启光，龙胜石村侗族雕刻师廖光庭等。

程阳桥建造70 多年以来，迄今经过两次大的修复：1937 年6 月初，被洪水冲毁部分结构，当地群众于1939 至1940 年按原貌修复。第二次，1983 年6 月27 日，洪水又冲毁部分结构，国家文物局给予资助修复。”（引自《三江县志》）

关于程阳桥1983 年被洪水部分冲毁，后获重建的情况，当时主持重建的周霖先生所写的《永济桥修复记》作了详尽的记载。周文全文如下：

“中华侗民，文明质丽，慷慨大方，热衷公益。凡水阻途塞，辄修桥铺路，集资献料，尽心尽力。是故风雨花桥，星罗棋布于侗乡之津途。交通往来，跨山越水便利，劳作休息，避雨趁风怡然。

宣统辛亥（1911 年），程阳乡（属广西之三江县）陈栋梁、杨唐富等十二首士倡议蓦金，兴建永济花桥。阅十年，乃竣工。丁丑（1937 年）五月，曾遭洪水，西端半桥，坍圮摧毁。程阳父老，共襄义举，历时十二年，修复旧貌。

永济桥横跨林溪河水，勾连湘桂古道，石墩木面，青瓦白戗，重檐叠翅，耸亭长廊。层迭托架，举巨杉以作桥体；围砌料石，填泥砾而为墩基。墩森五亭，间设四廊，干阑构造，穿斗柱枋。歇山亭台，挑悬柱而成体系；攒头墩楼，抬雷柱以为构框。其桥型，称翅木桥之代表；其建筑，集侗族技艺之大成。桥梁史上，乃征独特桥式，而显居要位；建筑学中，更因特异风格，而素享盛名。以是，1982 年 2 月，国务院公布为全国重点文保护单位。作善降祥，侗境生光，长存远古，永济流芳。

是年7月，余偕师生数人，慕名而来瞻赏。见此伟美严谨结构，遂测绘之，得平、立剖面图数幅，携而归焉。审究之余发现，桥轴偏移，梁木有朽，墩基松散，防漂无术。乃吁请文物部门迅速维修。殊料余上书未及十日，山洪突发，骇浪暴洒。涛涌流急，桥之东墩基，因淘空而崩溃；墩塌梁陷，右岸三亭廊，遂失恃而倾翻。断桥危柱，弧横茕立；破壁残珪，众叹群惊。飞驰报警于各方，共输忧悃于上下。中央饬令复修，首府派人亲临。自治区政协副主席秦似教授，乃率余等奔赴桥址，视察详情。比较方案，深入考察；设计修复，悉心察谋。落墩再建，立基以巩固；卸架重装，升桥面而防壅。沿用旧物，恢复原貌。改引道为拾级；理河滩，以畅流。桥木浸药，使之延长寿命；河岸镶石，俾以防止蚀空。方案既成，乃即上报。国家文物局迅即审批，拨款修复。工程铺开，人民称颂。父老献寿材以资梁木；子弟服工力以建墩基。绳墨舞锛，牂牁梓匠；敷瓦塑脊，侗族泥工。同心协力，和衷共济，蹈艰履险，沐雨栉风。历时二年，费资卅万，旷古之物，终于修复。工程既竣，游目驰怀，乃知古人所谓：‘秦王金作柱，汉帝玉为梁’，不过浮辞空论耳。桥之工拙，又岂在装金饰玉哉！试观此奇桥伟梁，横亘绿野；峥楼嵘础，倒掩碧空。负砥强似灵龟，承梁胜于螭龙。黛白相间，酿清新为素雅；横竖交列，蕴隽美于会融。不堆不砌，无缺无冗，和谐得体，稳健从容。有谓，美在宜在不妆，雅在清不在艳，信矣。霖等得效绵力，平生所幸；侗民真为我师，敢叨其光。受教廿月，得益匪浅；领工二载，体味殊深。余所耿耿者，惟绿化稍逊，美中不足，当信

来兹，弥此篑功。壮哉，三江一水长流去，侗寨花桥万古青。是为记。”（见《三江县志》）

周霖，广西临桂县人，毕业于清华大学，时任广西大学土木系副教授。他在总管程阳桥修复工程技术的两年中，更深刻地认识了程阳桥，理解了侗族文化，与侗族工匠、侗族老百姓结下了深厚的情谊。他感叹道：“侗民真为我师，敢叨其光……得益匪浅……体味殊深。”他是建筑专家，又有真情，又文采风流，这篇《永济桥修复记》写得确实好。著名的散文家、报告文学作家徐迟先生赞其为“科技写作的杰作”，并撰文为之作序。

周霖先生后来患了绝症，临终前嘱其家人将他葬于程阳桥头。程阳的老百姓以侗族的葬仪将他的一半骨灰安葬于程阳桥头的山坡上，让他永远守望着他心爱的桥。

著名文学家、历史学家郭沫若先生，曾为程阳桥赋诗，题写桥名。

1982年2月，国务院公布程阳永济桥为全国重点文物保护单位。

岜团风雨桥

岜团桥位于三江县独峒乡岜团村村头，横跨苗江，建于清宣统二年（1910年）。

岜团桥两台一墩，两跨三亭，桥长50米，三亭皆为歇山式屋顶，三亭间以长廊相连接。

岜团桥最突出的特点，是人、畜分道：在同一座桥上，分设人行道和畜行道，二道并行，人行道比畜行道高1.5米，二道之间，以木栏板相隔。人行道宽3.1米，高2.4米；畜行道宽1.4米，高1.9米。像岜团桥这样的一桥两道，人畜分道的设计，在广西木构风雨桥中，是独一无二的。人畜分道的设计，不但保证了桥上人的安全与安宁，也有利于桥面的清洁，更有利于风雨桥休闲功能的发挥。

岜团桥

邕团桥东端入口

邕团桥西端与村寨相连接，两条村路汇入桥头，东端抵临河畔山下。那山不高而林木葱茏、古枫蓊郁。浓荫之下，一条石砌古道，傍山而行。道旁栏杆的石柱，以青石条粗凿而成，苔痕斑驳，古意盎然。夕阳西下之时，农夫荷犁自田间归来，耕牛漫步其后，长尾轻摇。到得桥头，人走人行道，畜走畜行道，各得其所，疑为天成。

邕团风雨桥特意在桥西端入口处的桥亭前面，加了一个“牌楼”，使风雨桥的入口更像一个门，村寨的寨门。

侗人一生中，有许许多多时间是在风雨桥上度过的，因此，侗人对于风雨桥，有着特殊的感情。

邕团村有一年不慎失火，村头的一座燃烧着的木楼倒在了邕团桥头，如不及时抢救，邕团桥很可能被烧毁。村民们立即奔向桥头，将燃烧的木楼残骸解体拉走，保全了邕团桥。又有一年，苗江涨大水，上游漂下来的竹子和倒树被桥墩挡住，拥堵在邕团桥下，致使桥墩所受到的水流冲激力骤然间大大增加。为了保桥，全村的人都出动了。男人们腰间系着权充绳索的家织的布匹，从桥上被吊下去，站在浮在水上的竹、木堆上，挥动刀斧砍断那些纠缠在一起的竹木，桥上的人则配合着他们，将竹木一根根地拉到桥面上来并迅速运走。经过一番与洪水的殊死搏斗，村民们保住了自己的风雨桥。

岜团桥人行道

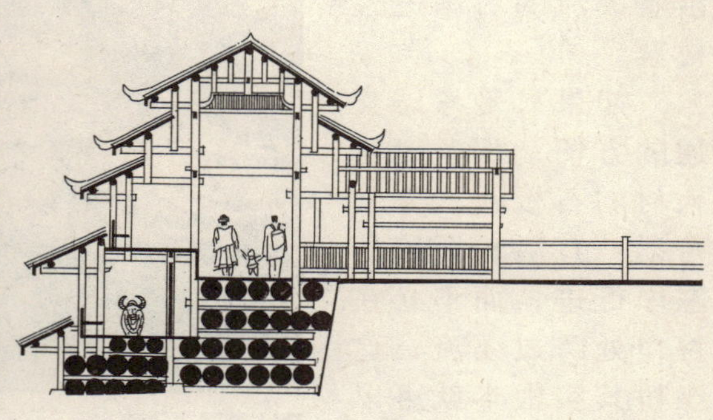

岜团桥西端桥头剖面(资料来源:《桂北民间建筑》)

江头桥

侗人的风水理念，与汉族近似。当侗人感觉村寨的风水不够理想时，他们会设法弥补。弥补的办法，是各式各样的。龙胜县地灵寨用风雨桥来改善村寨风水的做法，很有意思。

龙胜伟江乡的侗族，聚居在一条长长的山谷中，一座座侗寨分布在谷底的溪流两岸。地灵寨是上游的第一个寨子，江头村又是地灵寨中位居上游的村子，因谷中溪流在此发源，故称江头村。

江头村约30～40户人家，与下游的上寨、下寨，横楼诸村，有约1公里的距离，是地灵寨中一个相对独立的小村落。江头村村中有一座跨溪而建的小风雨桥，此桥构造简单，朴实无华，是村中溪流两岸居民的交通要道。

江头村另外还有一座风雨桥，位于村庄下游。江头村所处的位置，地势较为开阔，是山间的一块小小盆地，然而架设江头桥的这个地方，两旁的山岭突然靠拢，形成狭窄的谷口，过了这个谷口，地势又变得开阔了。村民正是选了这样的一个地方，建起了江头桥。

江头桥宽3米，长20余米，三亭九间，横跨溪上，正好封住了那个窄窄的谷口。与此相匹配的，是谷口两边山坡上，生长着高大的松树，桥与树一起，形成了村庄的屏障。

耐人寻味的是，由下游通向江头村的路，只有一条，位于小溪的左侧。若是一直沿着这个方向往前走，穿越谷口，就可以进入村寨。然而，道路却在风雨桥头拐了一个90°的弯，向左转上桥跨过溪流，下桥后右转90°，沿着溪流的右岸进入村寨。

龙胜地灵寨江头村局部

如果只是考虑交通的方便，那条出村入村的石板路，完全可以一直沿着溪流的左岸行进，而不必在谷口处跨过溪流，这座桥其实根本就可以不建。

从上游看江头桥

那么，为什么又建了这么一座桥，又为什么要让道路在桥的两头各拐一个90°的弯呢？

解释恐怕只有一个：为了聚气。

那条穿村而过的溪流，直奔下游而去，被认为是不合适的，为了完善村寨聚气、敛财的风水，村人才采用了在谷口建桥，并辅以植树的方法，让桥与树共同形成一道屏障。

在类似的情况下，汉族村庄的做法，一般是在溪流离村而去的地方建一座塔，或是另挖一条河道，让溪流在离村而去的地方拐一个弯。

为了更好地发挥“聚气”的作用，江头村人所建的江头桥，在结构上，也与众不同。

一般的风雨桥，除设置了神位的桥亭以外，桥廊和不设神位的桥亭都是只设栏杆而不加木板围合的，桥显得很通透。江头桥则不同，它是全封闭的，像一只狭长的大木箱，仅在桥的两端各设一个出入口。这样严密的围合，显然是为了更好地满足“聚气”的需要。

与江头村人建江头桥以改善村寨风水的手法相同，处于江头村下游的地灵寨的另外几个村子，也在地灵寨的下游谷口处建了风雨桥，并且不是一座，而是两座，这两座桥彼此相距很近，并排横跨在从村寨流出的溪流上，与种植在谷口的松林相结合，构成村寨的屏障。

江头桥落成于1937年，桥端亭内石碑上刻写的序文，对侗族风雨桥的教化功能作了很好的概括：

"……合村集力，修成利济之桥，并为祀念之场。祀关公而报公恩德，尤便农余之际，聚民众而诚惰勉勤，行见讲究功因，向真善而止恶，改良风俗，□(此处字迹磨损)正信而不迷世道，平人文兴起。则此木桥，即是立桥渡人，亦是渡世也。"

从这篇序文，我们可以看出，侗人对于风雨桥的教化功能，是非常重视的。教化的内容，除"忠"、"勇"之外，还有"诚惰勉勤"、"劝善止恶"、"正信"等等，风雨桥的功能，既是"渡人"，又是"渡世"，是物质性功能和精神性功能兼而有之的。

江头桥上不但设有神位祭祀关公，不但是村民农余之时的聚会之所，而且还是一座文化展馆。

在江头桥廊、亭的板壁上，在桥亭的藻井板壁上，画满了彩绘。其内容，大体可分为四类：第一类是关公的神像，神像绘在多处板壁上，有大有小，神态各异，关公像旁多配以对联。第二类是仙境，如极乐山。在极乐山的极乐世界里，山水间的建筑是清一色的侗族木构干阑。第三类是传说中的人物和历代帝王，从开天辟地的盘古，到天皇、地皇、燧人氏、有巢氏、伏羲氏、神农氏；从补天的女娲，到尧、舜、禹，到商汤、周文王、周武王；从秦始皇，到汉武帝、汉高祖、明太祖、清世祖……中国历朝历代，凡是有点儿名气的帝王，几乎全都依次站在了画廊里。第四类是故事传说和历史人物，有关公战长沙，有岳飞抗金，有程咬金、秦叔宝，有薛仁贵、薛丁山，有松赞干布、文成公主，鉴真和尚，还有唐僧、孙悟空等师徒四人。这些人物所涉及到的文学作品，主要有《三国演义》、《隋唐演义》、《说岳全传》、《西游记》等等。

地灵寨下游山口处，两座风雨桥并排而立

画廊内容之丰富，令人赞叹。之所以要将如此丰富的内容以彩绘的形式集于一桥之内，目的也非常明确，那就是将风雨桥变成一间教室，让后辈在这里学习中国历史、中国文化。

这些彩绘同样具有浓厚的侗家色彩，其突出的特点之一，就是凡是关公与其他人物同时出现在一个画面上的时候，关公必然占据中部显要位置，其他人物都只能在他的左右或下面以矮子的身材出现，即使是汉献帝及其皇后，孔夫子和关公的哥哥刘玄德，也只能屈尊靠边站，往下站。

侗乡的桥，绝大多数都是风雨桥。侗人看惯了风雨桥，在侗人的观念里，桥天生就应该是有廊、有亭的，桥与廊、亭是密不可分的。近年来，侗乡建造了一些水泥桥、铁索桥，这些桥的材料是水泥，是钢铁，不需要加上廊、亭来防雨，但是侗人不大习惯这样的桥，他们按照自己的传统，给这些桥加上廊、亭，也做成风雨桥，或者在水泥桥、铁索桥的桥头，建一条廊或一座亭子，让这些新式的桥跟他们心中关于桥的理念协调起来。

侗人的风雨桥情结——在铁索桥头加一座亭子

侗人的风雨桥情结——在混凝土大桥前道路上加一个风雨桥的廊

绚丽多姿的瑶族干阑

瑶族历史悠久，远古属我国南方民族中的一支，主要分布在今湖南、湖北、江西、安徽等地，汉代称之为“长沙、武陵蛮”或称为“五溪蛮”。历史上，瑶族迁移频繁，于隋、唐时期迁入广西东北部，后逐渐向广西腹地发展。今天，瑶族在广西的人口约为148.6万，约占全国瑶族总数的62%。在广西各民族中，瑶族人口数量位居第三位，仅次于汉族和壮族。

瑶族在广西分布很广，从桂北的都庞岭、越城岭、大南山、大苗山、九万大山，到桂南十万大山，从桂东的大桂山到桂西的青龙山、金钟山，都有瑶族居住，形成大分散、小集中的格局。广西成立了瑶族自治县的县份有：金秀、都安、巴马、富川、大化、恭城等。

由于历代封建统治者的歧视、压迫和驱赶，广西瑶族多居住于山区，迁移频繁，相当一部分瑶族，过去长期过着“游耕”的生活。所谓“游耕”，就是冬季上山，选好较为适合开垦与种植的山地，割草、伐木，任其晾晒在山坡上。来年春天，上山举火，将已晾干的草木烧掉，所得草木灰，成为肥料。以锄翻耕或以尖木棒掘穴，播下玉米、小米、豆类的种子，以待收获。三五年后，地力下降，便举村迁移他处。在迁移之前，按照瑶族的传统，要“种树还山”，即在耕种过的山地上，种上松、杉等树苗，以作为对自然的补偿。

“种树还山”，与民居息息相关。山上如果没有树，建造房屋也就无从谈起。

新中国成立后，瑶族山民定居下来，农民与村寨的面貌，都发生了巨大的变化。

红瑶大寨

龙胜县的大寨、田头寨、壮界寨、新寨、小寨等大小村寨，居

龙胜县红瑶大寨

住着瑶族的一个支系——红瑶，形成了一个特色浓郁的文化圈。

瑶族支系很多，支系和支系称呼的区分标准各不相同。因红瑶妇女喜穿红色绣衣，这个支系便称为红瑶。

红瑶的红色衣裙，并非以红布裁缝而成，而是在家织、家染

龙胜县红瑶大寨鸟瞰局部

龙胜县红瑶壮界寨

的蓝靛布上，以红线密绣而成。

在青山绿水间，在金色的稻田里，在朴实的古寨中，身着五彩斑斓红绣衣裙的瑶族妇女，像盛开的鲜花，像跳动的火焰。她们又有蓄长发的习俗，多有黑发长至腿弯乃至及地者，迎风临水，梳理长发时，极富情趣。

以大寨为中心的田头寨、壮界寨、新寨等六个村寨，坐落在群山环抱的一个山窝里。

连绵起伏的群山，在这里形成环抱之势，四面八方的山坡，全向着这一个山窝倾斜而下，中间形成一个小盆地。向东一面的山坡很宽，下半部坡度较平缓，中间微微隆起，大寨即坐落在这里，其上数里，是田头寨，隔一条流淌着小溪的峡谷，右前方北向山坡上，是壮界寨，同样是隔一条流淌着小溪的峡谷，左侧南向山

大寨村左前上方的一个小村寨

大寨村右前上方的壮界寨，这个村子是从大寨分出去的

坡上，分布着新寨、大毛界等村寨。

大寨是这个村寨聚落中最大的寨子，也是历史最悠久的寨子。壮界寨（约二三十户人家），就是从大寨中分出去的。在这个聚落中，大寨的位置最居中、最显眼，地势也最低，最接近盆地的“盆底”。

从选址上看，大寨可谓占尽天时地利。在大寨所处的这条隆起的山腿的左右两侧，各有一条清澈的溪涧。两条溪涧在大寨村左前方汇合（此处已是“盆底”，地势变得平坦）缓缓向东，流出“盆地”。

盆地仅东边一个出口，出口极狭窄。环抱盆地的群山，在这里留出一隙缺口，让汇聚的山水流出，让清晨的太阳早早地照亮大寨。

山口外，是一条长长的峡谷，沿着峡谷，有一条山路与外部世界相通。

四面群山围合，仅一狭窄山口可供出入，这样的形势，易守难攻。

大寨诸村，都是以种植水稻为主业，经多年开垦，周围几乎

左上图　红瑶妇女

右图　头饰、服饰

左下图　梳理长发

红瑶老汉

红瑶小女孩

初冬，红瑶妇女在厅堂一角切红薯，以此酿酒，每1000斤红薯大约可酿出500至600斤酒

所有的山坡都开成了梯田，村寨在群山的怀抱之中，同时也在梯田的怀抱之中。各个村寨的规模大小，依山势而定，条件好，村寨就大一些，反之，就小一些。在自然面前，村庄既不夸耀自己的规模，也不张扬建筑外形的特异或色彩的艳丽，木屋瓦顶，朴实谦顺。这是一种态度——人在自然面前的态度。

红瑶小寨

距大寨约十余里山路的小寨其实并不小，也居住着二、三百户人家。小寨所处的环境，与大寨略有不同，虽然也是群山环抱，也是建于向阳的山坡，也有两条山涧从村寨两边，一左一右地流

夏日大寨

出并在村前汇合，但是，村寨前面却不是一个狭窄的山口，而是一条宽阔的山谷。村寨面对山谷，三面有群山屏障，正面却无险隘。于是，小寨在村寨前方，在溪流之畔，栽植了数株杉树和枫树。而今，杉树和枫树都已长成参天大树，成为村寨的风水林。林下，有一座风雨桥架于溪上。

大寨、小寨等村落的红瑶干阑木楼，多为三层，屋顶多为悬山式，单体多为三开间、五开间，也有向两头延长出去，达到7开间的。

山地瑶族木构干阑，基址多为台阶式（错层），居住层之下半实半虚：其前半部由架空层支撑，是虚的，后半部则“坐”在后面的山坡上，是实的。虽然架空层地面和居住层的后半部平地都是在山坡上开挖出来的，但这种“错层”，比之于在山坡上整理出一块完整的、与居住层同样大小的平地，开挖量显然要小得多。火塘多处于实地，即居住层的后半部。除此之外，瑶族干阑外观与壮族干阑很相似。

红瑶干阑的厅堂，大而开敞，常常会占据楼层三分之一以上的面积，呈曲尺形。

龙胜红瑶小寨村前的风水树和风雨桥

大寨村一角

大寨村内七开间的民居

大寨红瑶民居中宽敞的厅堂

独 立 谷 仓

独立于干阑住屋前面的谷仓，是红瑶干阑民居中重要的附属建筑。谷仓独立于干阑木楼之外，是出于防火的考虑。全木结构的干阑一旦发生火灾，灭火十分困难，相邻数家甚至整座村寨毁于一炬的事情，并不罕见。将谷仓置于户外，就可以在木楼被烧毁后仍然保留有稻谷，而有了稻谷，就有了维持全家生命的粮食，就有了春天的谷种，家庭和村寨就可以渡过难关，像秧苗一样，从土地上生长出来，挺立起来。

谷仓形式多样，体量也大小不一，但总的格局，都与干阑民居相似：也是一座木楼，下面是架空层，上面是谷仓。大寨村口的一座小型谷仓，建筑十分考究，它前半部有一个廊道，方便人出入和操作，后半部才是存储谷子的仓。该谷仓的正立面，做了装饰性的三扇门，取三开间之意，这使谷仓更像一座木楼。更引人注目的，是这三扇门上，都有雕花木刻，木刻颇为精美。下这样大的功夫来装饰谷仓，足见谷仓在主人的心目中是何等的重要。

在红瑶大寨，我们还见到了几座大型谷仓：架空层很高，储存谷物的楼层与主屋的二层在同一高度，并有栈桥与主屋相通，体量也较大。

在广西一些地方，汉墓中出土的文物中，陶制或铜质的单独的谷仓有许多种式样。这说明独立于干阑木屋之外的谷仓，至迟在汉代的广西，就已经很多见了。

大寨的另一座独立谷仓，两仓连排

左下图　广西汉墓中出土的独立的干阑式谷仓明器(一)
(资料来源:《壮族科学史》)

右下图　广西汉墓中出土的独立的干阑式谷仓明器(二)
(资料来源:《壮族科学史》)

苗山彩虹

上古时代居住于江淮一带的“三苗”，是今天苗族的祖先。

秦、汉时，苗族聚居于洞庭湖一带和湘西、黔东的“五溪”地区，唐、宋后至明、清，一部分苗族人迁入广西北部和西部。

广西苗族人口约为46万，在广西各民族人口中排第4位。主要分布在桂北、桂西北和桂西，从桂北的资源、龙胜、三江、融水、罗城、环江至桂西北的南丹、隆林、平林、田林，到桂西的那坡，广西苗族的分布区形成一个大弧型，与湖南、贵州的苗族分布区连成一片。在上述地区，苗族与壮、瑶、侗 、汉等各族杂居，关系密切。

苗族干阑民居

广西苗族多居住在深山中，木构干阑村寨规模不是很大。龙胜县的苗寨，小寨几户、十几户，30至50户就算是较大的寨子了；苗族居住最集中的融水苗族自治县，有一些较大的干阑村寨。

苗寨的结构较疏朗，主体组团内，各家的木楼之间，保持着一定的距离，主体组团周围，星散着两三家、一两家木

融水苗族自治县整垛村苗族木构干阑民居

楼。在寨外的山坡上，单家独户的苗居也很普遍。这与三江侗寨规模大、寨内干阑互相依偎的情况形成明显的差异。

苗寨中最重要的公共建筑，是芦笙柱：将一根大圆木立于芦笙坪上，圆木顶端饰以飞鸟；柱身饰以盘龙、牛头等雕刻，绘以五彩。芦笙柱是苗族文化中的一项了不起的创造，它将苗族传统的图腾崇拜和多神崇拜巧妙地集中于一柱之上，成为苗族文化的象征，同时也是村寨的象征。芦笙柱和芦笙坪共同构成苗寨中最重要的公共空间，过苗年或其他节日时，人们汇聚于芦笙坪上，歌舞吹笙，称为“芦笙踩堂”。当“芦笙踩堂”的数十枝大小芦笛同时吹奏起来的时候，气势磅礴，山林为之撼动，平时宁静的苗寨，这时便勃发出火热的激情和巨大的力量。

与龙胜县的壮族、侗族、瑶族聚居区相比，龙胜伟江镇苗族聚居区的海拔最高。伟江乡以伟江河得名。伟江河两岸，群山连绵起伏，一座座苗寨，星散在沿河两岸的山坡上。村寨一般处于半山腰，即使是建于山脚的村寨，距河水也有相当的距离，不像侗寨那样临水而居。

伟江镇苗族，以种水稻为主，在山坡上开辟出层层梯田。

伟江苗寨的木构干阑民居，以杉木为主要材料，与龙胜的壮、瑶、侗各族干阑同为高脚干阑，高大宽敞。多为五开间：中间的三个开间，是两面倒水的悬山顶，在中间三个开间两边的山墙上，各加出一个披厦，这样形成的五开间民居，在外形上便与壮居、瑶居的五开间有了很大的不同。它的屋顶，不是一条水平的直线，而有点像大写的一个“八”字。

融水苗寨中的芦笙柱

木构干阑民居通体不着颜色，只是侗族木楼的封檐板一律刷成白色。木构干阑装饰的重点，是吊柱下端通常为球形或葫芦形的垂花。在整座干阑中，只有这垂花是着意雕刻并上颜色的，应

龙胜县伟江镇苗寨

龙胜县伟江镇苗寨

龙胜苗族民居

龙胜苗族民居。一端向前突出，平面呈曲尺形，这是在地势较平坦的情况下出现的

该算是画龙点睛之笔。各族干阑，用色不同：壮族多用红色，瑶族会用红色和黄色，苗族干阑用色最是五彩缤纷，赤、橙、黄、绿、青、蓝、紫，还要加上白色。有了如此艳丽的点染，朴素的木楼，便活泼起来，洋溢出喜气。

广西兴安县出土的一件汉代明器陶屋，展示了一幅生动而又丰富多彩的居住文化画卷：两层楼居，带一个小院。屋子底层是专为圈养家禽家畜用的，一头猪正从外面往敞开的门里爬（有较高的门槛，猪正爬过门槛）。门边站立着一位抱小孩的妇人；圈养牲畜的房间与小院之间的墙上有个洞，猪可以从这个洞进进出出，往来于小院与底层房间之间；屋子的侧墙上，有一道楼梯，通向二楼，两只狗正在楼梯上嬉戏。小院的院墙外侧的上半部，横挑出一条窄窄的走道，一位男人（他应该是这一家的男主人）站在这走道上，低着头往院子里倒猪饲料。在院子里，有一头猪。

机缘巧合，2002年11月，我们在龙胜县伟江镇中洞村的一座干阑屋里，看到的苗族妇女喂猪的情景，竟与此很是相似。那座干阑高大

左上图　苗族木构干栏吊柱垂花色彩缤纷

左下图　广西兴安县汉墓中出土的民居明器

右图　龙胜伟江某苗居中妇女喂猪的情景

而又宽敞，居住层的堂屋向右边延伸出去一条廊道，廊道尽头，楼板上开了一个四方洞，洞的下面，便是架空层中养猪的地方。那妇女提来一桶饲料，那桶扁圆如盆，其上有一个横梁。妇女用一根带钩的长竿，勾住饲料桶上的横梁，将饲料桶放到下面的猪栏里去。她说，等猪吃完了，就用长竿再把饲料桶勾上来，根本不用人爬上爬下。

此情此景，让我马上想起那一件汉代明器。时光悠悠，2000多年过去了，今天干阑中的一些劳动与生活，跟当年何其相似！

木构干阑，从远古走来，几千年，几多风雨，它一直在演进，一直在变化。但是，它最基本的东西，因其合理、因其科学，得以鲜活地保存了下来。

在伟江镇潘寨见到的那座风雨桥，同样令人惊叹。

那桥始建于清光绪二十一年（1895年）。

桥全长38.68米，宽3.15米，单跨，全木结构。

桥的结构，十分奇特。

广西各地的木构架风雨桥，承重的木梁都是水平方向布置，跨度小的时候，并排的几根圆木搭在两岸的桥台上便一跨而过，这样的单跨风雨桥，最长者在12米上下；河面较宽时，设置桥墩，桥墩上的木构架，也是水平方向逐层托架的。

龙胜县伟江镇潘寨风雨桥

潘寨风雨桥，在跨度很大的情况下，巧妙地运用杠杆原理，借用了石拱桥的外形。它下面三层托架的木梁，每层由六根圆木组成，其根部埋设在桥台底部或在上面压上大石块，距圆木根部2～3米处，立一木架，木架的横梁成为支点，将圆木抬举起来，向斜上方挑出。三排圆木中，最下面的一排最短也最粗，上面的两层圆木一层比一层更长。这样三层木梁逐层托举，逐层伸出，河两岸的木托架便互相接近，但并不接拢，而是形成一个没有拱顶的拱，在这个有缺口的拱上铺架圆木，圆木上铺设木板作桥面，一个完整的拱就形成了。

与这奇特的结构配合的，是一道轻灵简洁的单檐长廊。远远看上去，潘寨风雨桥像高山间的一道彩虹。

70 年前，红军长征路过龙胜时，苗族同胞曾在这潘寨风雨桥下掩护过红军的伤员，所以这桥又称“红军桥”。

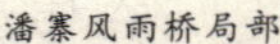
潘寨风雨桥局部

木构干阑工匠和他们的竹简式“图纸”

木构干阑是怎么建起来的

1.备料

木构干阑的建造,应该从种树说起。桂北的龙胜、三江等地,木构干阑的建筑材料,最主要的是杉木。杉树树身挺拔,四季常绿,生长迅速。杉木纹理通直,材质较轻,易加工、耐腐,是上等的建筑用材。为了准备建造干阑的木材,人们大量种植杉树。侗人在孩子诞生后,就上山为他将来盖房子而种下杉树苗。有些村寨,是一家有孩子降生,全寨的人都上山为他种杉树。待到孩子成人时,杉树也成材了。建房需要大量的木材,但种下的树更多,经过一代又一代人的努力,苍翠的杉树林覆盖了崇山峻岭,广西成为我国重要的木材产区。

具体到某一栋干阑动工建造之前的备料，主要的劳作是上山伐木和将木材抬下山。壮、侗、瑶、苗等各族群众，都是以互助的方式来进行的。

一家建屋百家帮的集体劳作，会从备料开始一直持续到新屋落成。侗族有一首民歌对此作了生动地描述：

一根棉纱难织布哟,
一滴露水难起浪。
抬木过梁要有几根杠哟,
建造新房要有众人帮。
你拉绳来我拉杆哟,
你拿锤来我拿方。
咚空咚空响不停,
大厦落成喜洋洋。

2.选址

一栋干阑的选址，比之于村寨的选址，要简单一些。在一座村寨里，如果有几个姓氏的话，同姓的人会聚居在一起；同姓人之中，兄弟们会比邻而居。房屋的朝向，要与村寨中其他的房屋相一致，整个村寨都是按照依山傍水、负阴抱阳的原则来确定朝向的，向大家看齐就顺理成章。然而，巫师（巫师们都是兼职的，他们的主业，同样是干农活）会根据主人的生辰八字进行推算，对未来房屋的朝向作一些微调，或者用调整屋门（主入口）的方式来解决问题。工匠之中，有许多人也懂得此道。

3. 基地处理

山地房屋的基地处理，主要工作是挖方和填方。木构干阑的优势，就在于它可以自如地调整立柱的长短，争取到所需要的居住层平面。

在基地处理当中，砌筑挡土墙是较为费时费力的工作。挡土墙一般都是用石块干砌。

4. 设计

木构干阑民居的设计工作，由工匠和户主的协商开始。首先，工匠和户主一起，查看基地，清点备好的材料（主要是清点杉木料）。然后，户主提出自己的计划和要求，如房子盖几层、几间等等，工匠会根据场地和建筑材料的情况，提出自己的看法。协商达成一致意见之后，工匠便开始设计。

广西木构干阑工匠搞设计，不用纸，也不绘图，他们的设计是在竹片上进行的。

木构干阑工匠在构思与设计时，注意力集中在未来房屋的柱梁系统上。

经过几千年甚至上万年的演进，广西木构干阑民居已经形成了较为固定的模式，一栋木楼进深多少，开间几何，内空多高都是有例可循的。基地允许，横梁的材料又好的话，开间可以比常例稍宽一些，反之，只好窄一些；立柱材料好，木楼可以盖高一些，反之，只好让它矮一点；居住层内高的尺寸，一般在2.2米至2.4米之间，工匠们会根据材料的情况，在设计时确定到底取多大的尺寸，而这个尺寸的确定，就决定了立柱上相关的榫眼开在什么位置。

一栋木楼，要用多少根柱，多少根梁，多少方等，这些柱、梁、方现有材料的质量和尺寸，每一根柱、梁、方用在什么地方，它与相关柱、梁、方的关系，开榫还是凿眼，榫、眼的尺寸和具体位置……这一切，工匠都必须把它想清楚，做到了然于胸。

由于地形千变万化，木楼也就随之千变万化。既然是用立柱在高低不平的基地上调整出所需要的居住层平面，那么同样是立柱，用起来就会大不一样。同时，工匠与户主，也会对新楼提出一些新的想法：什么地方加一个吊柜，什么地方挑出去，什么地方收一下，什么地方加一层重檐，等等，这些都会使本来就相当复杂的柱梁系统更加复杂。对于这一切，工匠也必须预先考虑周全。

最后，浮现在工匠脑海中的，应该是构建完成的新楼的构架图。

这张图不是平面的，它站立在基地上，完整严谨，并与地形互相适应、完美结合。

干阑工匠在设计时，倾全力于梁柱系统而对未来新楼的外形似乎并不十分关心，这常常使城里的建筑师们大惑不解。城里的建筑师习惯于在建筑物的外形上倾注热情与才华，力求使自己的方案前无古人，后无来者，寓意深远而又美轮美奂。那么，山里的工匠们，他们难道不懂得美，不追求美吗？

事情并非如此。木构干阑的美，不是以单体凸显，而是靠群体来创造的。村寨中的木构干阑单体，彼此相似，好像并不起眼。然而，只要认真打量，你就会发现，其实每一座木屋都有主人和工匠的创新，表面上彼此相似的单体，因了这种创新，实际上是各不相同的。各不相同的木屋，因了地形的变化而高低错落，疏密相间，又与

木构干阑屋架（一）

左图 木构干阑屋架（二）

右图 近年，三江县新建木构干阑底层外围木柱间常以红砖墙体围合。程序是先立好屋架，后砌砖墙。全木构干阑在向砖木结构发展

山、水、林、田互相配合，便有了丰富的变化和动人的韵律，既朴实无华，又清新典雅，这样的美，在城市中是找不到的。

5．木料加工

木料加工是木构干阑建造工作中最重要的环节之一，它通常由一名工匠带领两三名徒弟来完成。所有的梁、柱、方都要凿好眼，锯出榫头，然后分门别类地堆放，以备拼装。

为了让徒弟能够正确操作，同时也为了让自己在脑子里想好的柱梁系统设计图能够用一定的形式固定下来，木构干阑工匠要使用套签和香杆。

套签，是将毛竹锯成长约50厘米的竹筒后，剖开，劈成每条约2厘米宽的竹签。这样的竹签，每条代表一根柱或梁，工匠用竹笔沾墨，在上面标明这根柱或梁的位置，标明要凿几个榫眼和榫眼的尺寸，标明要锯什么样的榫头和榫头的尺寸。标明榫头，榫眼尺寸的方法，不是写明数字，而是在套签上画出横线，两条横线之间的距离，就是所需要的实际尺寸。

香杆，又称丈杆，丈篙。将长毛竹剖开，取宽度约为10厘米的一片，其长度，与未来新楼最高的立柱（通常即是中柱）相等。将竹片的青皮刮去，便可以在竹片上画出密密麻麻的横线并标明少许数字。香杆上要标明各种梁和柱、方的长度，要标明柱、梁、方上榫眼或榫头的位置。这样，香杆上的信息就可以与套签上的信息互相补充。

如果硬要以现代建筑施工来与木构干阑施工相比较的话，那么套签与香杆大概相当于施工图，香杆相当于总图，套签相当于局部图。由于每根套签只代表一根柱或梁，所以，一栋木楼的套签，常常是几大捆，要用箩筐来装。

这样以竹签画“图”，是不是竹简的遗韵，尚不得而知。但将其称之为竹筒式设计图，应该是恰当的吧。

在木料加工之前，工匠须将柱、梁、方挑选出来，分门别类地堆放。要对柱、梁材料进行一次通盘地考虑，选定哪些作中柱，哪些做边柱，等等，然后，将其在未来柱梁系统中所处的位置一一标明。

在进行木料加工的时候，工匠抽出某一根套签交给徒弟，徒弟就会根据套签上所标明的柱、梁的位置，到材料堆里找到那根标有同样符号的柱或梁的材料，再用香杆靠上去，依据香杆上画出的横线，找到应该凿眼的位置，然后用套签靠上去，依照套签上画出的横线，准确地画出榫眼的尺寸，接下来，他就可以动手凿眼了。

6.拼装屋架

木料全部加工好之后，就可以拼装屋架了。一排排拼装好的屋架摆放在基地上，等待良辰吉日，进行最后的组装和上梁。

7.组装与上梁

组装之前，一般会在基地的一端立一个支架。

支架立好后，前来帮忙的村民，在工匠的指挥下，用绳索拉，用棍子顶，将地上躺着的一排排屋架竖起来，依次靠立在支撑用的木架上。

然后，把两排相邻的屋架移到各自的位置上去，就可以安装横梁了，横梁装上去，屋子的骨架就独立地站立起来了。

龙胜县壮族木构干阑立屋架

拼装与组装的过程，对于工匠的技术水平，是严峻的考验。所有榫眼、榫头的位置和尺寸都必须准确无误，否则就对不上号；拼装的顺序也不能搞错，错了就得拆开重来，那会被认为是不吉利的事情。

上梁是组装工作中最后的一道工序。中国民间对于新屋上梁都十分重视，由这一道工序，衍生出各式各样的规矩和礼仪。上梁之日，村寨中人和亲朋都来祝贺，这一天，便成了喜庆的节日。广西各族木构干阑的上梁习俗，各不相同，《程阳桥风俗》一书（徐杰舜等著，广西民族出版社，1992年1月）对三江县程阳八寨的新房上梁风俗有颇为详尽而又生动的描绘：

“梁子安放位置也有个规矩：是三间房的，梁子安放在中间那一间的中柱顶上，如果是两间的，一般安在做火堂的那一间。梁木十分讲究：必须是‘双生’的，即在同一树蔸上长出的两根或两根以上杉木中的一根。砍伐时要设法让它倒向东方，扛上肩后就不许着地，‘又于当天用生木头做成’为此往往多去几个人，梁子都在村外做，事先放好木马，抬回来就架在木马上，做梁子的木渣和刨花不许用来烧火，俗语这样可以忌火烧房子，大多把它倒进河里。梁子做完后，染红，临上梁时抬到新房底，架在木马上，底边朝上，在其中间处置放黄历，新毛笔一枝、红、蓝、黄三色丝线各一支，再用一块一尺长的家织黑布对角复盖着，每个角用一个东毫或铜钱钉住，黑布外边另用红蓝黄三色丝线各若干根捆住一双‘引木’做成的筷子，筷子两端各悬挂着几支禾穗，两旁各贴一横幅：‘上梁大吉大利’、‘紫微高照’，柱子上除贴有‘上梁正遇紫微星’、‘竖柱喜逢黄道日’外，每根柱子上还贴一个‘好’字，或‘有’、‘福’字，这些字都按对角写，贴时只要不倒贴就行，歪歪斜斜也不计较。

“上梁时很热闹，寨上妇女小孩都来观看，阴阳先生祭祀完毕后，木匠师傅接着大唱上梁歌，他左手抓着大公鸡的腿，右手时而抹着大公鸡的背，时而割鸡冠用鸡血来点涂着梁子、柱子等，每唱完一句，大伙附合一声‘依口啊！’当他唱到‘大吉大利、大发大旺！’时，全场高呼：‘依口啊——！’随即鞭炮响起来了，梁子徐徐拉上去，安放完毕，就撒粑粑——这是剪成小点后再用糯米粉或玉米粉来拌，手抓不粘手，落地不粘尘土的粑粑，有的把东毫和铜板混在粑粑筐里一同撒下来（现在多渗纸包糖），一般都撒一二十斤糯米粑粑，主人希望来捡的人越多越好越吉利。屋顶上撒粑粑的那些人东一抓，西一把不断地撒，地上的人时而捡，时而喊，上梁完毕，接着两个姑娘挑着热乎乎的敲有鸡蛋的糯米甜酒来招待客人，连来抢粑粑的小孩也可以享用。"

龙胜龙脊十三寨，新屋屋梁上悬挂的红布，按规矩是由户主的舅舅家送过来，并写上"吉星高照"、"龙凤呈祥"、"五谷丰登"、"招财进宝"等等的吉利话，悬挂在屋梁上。

8.盖瓦与装板

盖瓦的时候，也会有很多人来帮忙把瓦传递到屋顶上去，比较内行的人坐在屋顶上，接过下面递上来的小青瓦，一手一手地铺好。

装板，龙胜壮族简称之为"装"，屋子的骨架已站立起来，瓦也已经盖好，安装壁板，镶楼板便是件不必十分着急的工作了。楼板一般要开燕尾槽，镶嵌得严丝合缝。

9.进新屋

新屋落成，乔迁新居，是大喜事。主人搬进新屋这一天，要摆进屋酒，亲朋好友和村寨中人都会带着礼物前来祝贺。程阳八寨风俗，进新屋这一天，新屋火塘里的第一塘火，要请族内儿女众多，老俩口都健在的婆老（祖母）来点燃。

龙胜县平安寨新落成的干阑屋大梁上悬挂红布，上书各种吉祥祝福的话，如：吉星高照、五谷丰登、龙凤呈祥等

木构干阑工匠

广西壮、侗、瑶、苗各族的木构干阑工匠，都是农民兼职，他们都尊鲁班为祖师，技艺传授的方式，都是师傅带徒弟，口传心授。父子相传，世代相承的工匠世家相当普遍。工匠们所使用的工具，与汉族工匠一般无二，都是斧、刨、凿、锯、墨斗、角尺等等。在竹简式“图纸”上设计的时候，壮、瑶、苗族工匠使用汉字（有时使用少量在汉字基础上加以简化的建筑符号）。侗族工匠，有自己独特的建筑符号系统，但也使用一些汉字。

吴世康

在三江侗族自治县高定寨，我们结识了侗族工匠吴世康。

吴世康，四十多岁，黑黑的，头发留得很短，额头几道皱纹很深，一脸憨厚的笑，看上去是个地地道道的农民，而不像个技术人员。然而，他确实是位才华横溢的建筑师。

高定寨坐落在群山围出的一个山窝里，寨子很大，有好几座鼓楼。吴姓是寨子里的大姓。

说吴世康才华横溢，是因为他设计了一座“独柱鼓楼”。谈到设计的经过，他说，寨中吴姓合议要建一座新鼓楼，委托他来设计。他想了很久，做了一大堆套签，摆弄来摆弄去，终于想好了，便做了一个模型，请族中人来看，大家看过，同意了，便开始施工。

独柱鼓楼于1993年竣工。攒尖顶，重檐13层。

侗族学者吴浩，为这座鼓楼作了一篇序，其中有这样一段话：

“侗族鼓楼，渊源久长，侗语初名‘堂瓦’，为氏族公房。营造之始，仿杉木之形，埋巨木立地，为独脚楼。”

侗族最初“埋巨木立地”式的独脚鼓楼，其规模想必远不及今天的马胖鼓楼、华炼鼓楼和吴世康所设计的独柱鼓楼这么大。从“埋巨木立地”造独脚鼓楼发展到建造今日习见的塔式鼓楼，其动因之一，或许就是要扩大鼓楼的规模，以容纳更多的人集聚与活动。新式的鼓楼建起来了，“独脚鼓楼”便渐渐地绝迹了。

吴世康的贡献和他的不凡，在于他虽然没有亲眼目睹过埋巨木于地式的“独脚鼓楼”的尊容，却能从关于“独脚鼓楼”的传说中得到启发，大胆创新，取“独脚鼓楼”与习见的塔式鼓楼各自的长处，创造出“独柱鼓楼”这种独特的结构形式。

吴世康的独柱鼓楼，实际上并非一般意义上的“独柱”，这里所说的“独”，是相对于传统塔式鼓楼内柱环的四根金柱而言的。吴世康只用了一根立柱，就代替了一般塔式鼓楼的四根金柱，所以叫独柱。其外环也较典型的塔式鼓楼少用了4根立柱。传统塔式鼓楼的典型柱式是内环4柱，外环12柱，吴世康的独柱鼓楼是内1外8。

柱式变了，结构随之发生变化。在塔式鼓楼典型柱式中，内环、外环各柱之间的连接，均为直角或直线；独柱鼓楼中柱与外环柱之间的连接角度，则全是45°。

独柱鼓楼不同于一般塔式鼓楼的另外一个特点，是它有两层，两层均设有火塘。这样的设计，大大地扩展了鼓楼的活动空间。

吴世康独柱鼓楼的设计与建造过程，体现了侗族文化宽容开放，鼓励创新的精神。如果没有这样的环境，吴世康怎么敢有如此大胆的设想，他的设计又怎么能够通得过？吴世康并非族中长辈，他不过是一介农夫，一名工匠而已，而建鼓楼，是一件很庄严的事情，又耗资巨大，按老样子建鼓楼，万无一失，而按吴世康的设计去做，则要担风险，万一失败了，经济上损失很大，吴姓家族也会丢面子。然而，吴世康的设计顺利地通过了，独柱鼓楼建起来了，它为侗族的建筑文化宝库增添了一朵奇葩。

吴世康的香杆和套签上，使用的主要是侗族特有的建筑符号。这套符号一共有十几个字符。这些字符，有的是用象形的办法创造出来的，有的是从相应的汉字变化而成的。侗族工匠所使用的数字，除了将“四”写成“×”之外，其余完全与汉字数字的写法相同。他们所使用的长度单位是丈、尺、寸、分，与

三江县高定寨侗族工匠吴世康

吴世康设计的高定吴氏“独柱鼓楼”

汉族工匠完全一样。

吴世康把他几根套签上的侗族建筑符号抄写在纸上，向我们解释这些符号应如何与汉字对照。

2002 年，吴世康替人建房期间的收入，大约是每天 30 元左右，其中包括：每天工钱 15 元，三餐饭（晚饭有酒和肉）、一包烟（2 ～3 元一包的烟）。没有建房活路的时候，他就在家里种种田。他的儿子，也跟着他学会了建房手艺。

“独柱鼓楼”有上下两层，两层均设有火塘

“独柱鼓楼”的内部上部结构

有好几座鼓楼的高定寨

侗族建筑符号	[illegible]	[illegible]	左	[illegible]	中	[illegible]	[illegible]	井	[illegible]	川	天	土	[illegible]
汉 字	上	下	左	右	中	前	后	梁	方	柱	天	地	挂

侗族建筑数学	一	二	三	X	五	六	七	八	九	十
汉 字	一	二	三	四	五	六	七	八	九	十

常用侗族建筑符号、数字与汉字的对应关系

左图　吴世康的一组套签。将图中从右至左排列的前三根竹签上的侗族建筑符号译成汉字，依次为：转中下川；右中二层水方；左中三层水方

右图　吴世康在摆竹签搞设计

吴世康设计翻新的一座小鼓楼

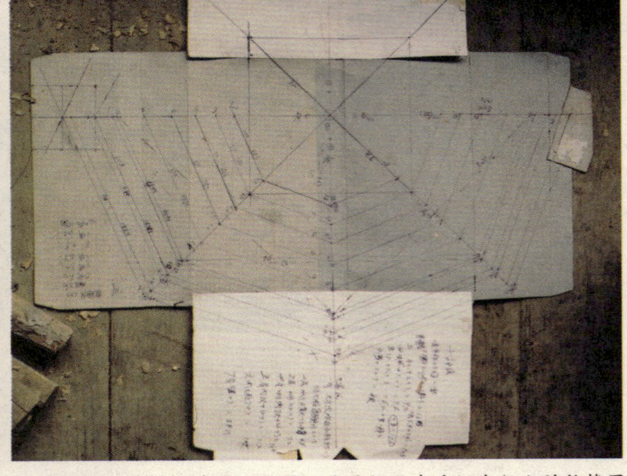

吴世康正在学习在纸上画图。这是他画在香烟盒纸上的鼓楼图

陈继荣

陈继荣是龙胜各族自治县枫木寨的一位壮族工匠。

在建造干阑的时候，陈继荣除使用丈杆与套签之处，还另有两条较长的竹片，一条称“过排”，其长度与木楼的进深相等，另一条称“过堂”，其长度与木楼开间的宽度相等。

陈继荣的竹签，做得很精致，削得薄而平整，每片长约30厘米，宽约2厘米，形同塑料直尺。陈继荣将相关的几根竹签尾部钻眼穿上细绳连在一起，展开呈扇形，用起来很方便。

陈继荣的竹签上，使用的全部是汉字。

潘广发

那天，我们在将近傍晚时分，才走进龙胜红瑶大寨，爬上一段石阶，便看见潘广发在他的干阑屋的架空层推刨子。相问之下，知道他准备将这架空层改作小卖部，所以要翻建木楼。

作为瑶族工匠，潘广发在设计和施工时，用瑶语思考，他称香杆为“流比”，译成汉语，就是“梁竹”的意思。他和壮族工匠

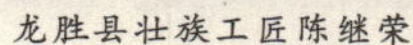

龙胜县壮族工匠陈继荣

龙胜县红瑶大寨瑶族工匠潘广发

陈继荣的套签

陈继荣一样，除香杆之外，还要用另外两条长竹片。陈继荣称之为“过排”的那条竹片，潘广发叫它“八扯比”；陈继荣称之为“过堂”的那条长竹片，潘广发叫它“过筒比”。

潘广发称套签为“比”。

潘广发在“比”上用汉字书写，但他将汉字作了一些简化，比如，他在“比”上写的前字和后字，都只有上半部而没有下半部：前字不见了下边的月和立刀，后字没有了口。

潘广发当过村干部，他的汉语说得很不错。

粟师傅

另一位瑶族工匠粟师傅，是我们在龙胜县伟江乡考察时碰见的。他当时正带了几个徒弟在路边的一块空地上，为一家苗族人建木楼。问起瑶族和苗族木楼之间有什么区别，他说区别不大。

粟师傅称香杆为“丈杆”。

与众不同的是，粟师傅的套签是用杉木条做的。杉木条长约40～50厘米，视需要刨成4面或5面体。

粟师傅既给苗族建房，也给壮族、瑶族建房。他书写时全部用汉字。

杨似玉

杨似玉是三江县著名的侗族工匠，他的技艺，是跟着他父亲学的。他的父亲，也是名气很大的工匠师傅。1982年，当时还很年轻的杨似玉，跟随父亲，参加了程阳桥修复重建的工作。至今，在他家的堂屋里，还保存着他亲手制作的程阳桥模型。作为一名有一定文化知识的新时代的侗族工匠，杨似玉懂得珍惜自己民族的文化传统，在程阳桥模型的下面，他还保存着一批套签。他懂得侗族工匠的套签是很有价值的。

杨似玉家的堂屋平面，呈凸字型，一面板壁上，挂满了他的木工工具，搁板上，摆放着大大小小的鼓楼、风雨桥模型。堂屋的另一端，摆放着他妻子的织布机，他的妻子是位织锦好手。

2002年，三江县要建一座世界上最大的鼓楼，并且决定要请侗族工匠，按照侗族的传统工艺来建造。因此，设计方案的招投标，是在侗族工匠当中进行的。考虑到大多数侗族工匠不会画现代意义上

龙胜县瑶族工匠粟师傅。他手中拿着的是他与众不同的木制套签

粟师傅的“香杆”（局部）

的设计图，决定让工匠们以模型作为设计方案参加投标。结果是夺标呼声最高的杨似玉不负众望，以自己的大鼓楼模型一举夺魁。

杨似玉设计的这座大鼓楼，是一座塔式鼓楼，在传统的内4外12的柱环系统之外，杨似玉又加了一个由24根立柱组成的外柱环。

建世界上最大的鼓楼，首先要解决的，是内柱环那4根巨大擎天柱的材料问题。县里花了很大的力量，才在深山老林里找到这样的4株巨杉，并将其砍伐，运回县城河边的高地上。

在杨似玉的指挥下，数十名木工日夜奋战。大鼓楼木料的加工，梁、柱的制作，都是用传统的办法完成的，但在最后的组装中，由于柱、梁巨大，又要抢工期，不得不用一些现代化的方法和设备。

为了将4根中柱竖立起来，预先立起一个钢管架，巨大的木柱用汽车吊吊起来，定好位置，然后以横方互相连接成一个整体，形成鼓楼的内柱环。

两根立柱之间穿进横梁时，由于柱子大，榫头也大，在用木

三江县侗族工匠杨似玉

杨似玉的工具和模型

杨似玉做的世界上最大的鼓楼的设计，他以这具模型中标

锤锤打的办法不能奏效时，只好用手拉葫芦来拉拢两根柱子，将榫头挤入榫眼；向鼓楼顶部吊拉梁、方时，使用了汽车吊。

对此，杨似玉深感遗憾。他说，只要时间允许，用侗族传统的工具和办法，完全能把这座世界上最大的鼓楼建起来。

大鼓楼落成，名为“三江鼓楼”。

侗族学者吴浩，为这三江鼓楼作序云：

侗族鼓楼，渊源久远，初称为‘共’（鸟巢之意），次称为‘百’（堆垒之意），氏族社会，改称‘堂瓦’（氏族公房）。款会设立，置鼓于内，又称‘堂共’（置鼓之楼），鼓楼之称，即源于此。营造之初，杉木为形，巨木立地，修独脚楼。星移斗转，时代变迁，鼓楼之形，随之变化，内柱外柱，榫卯川枋，飞檐卷篷，悬柱挑梁，横穿直套，巧妙结合。‘干阑’之形，宫殿之丽，宝塔之姿，楼阁之貌，越楚文化，交相辉映，融于一体，自成一格，建筑史册，一朵奇葩。

侗族村寨，皆立鼓楼，大村大寨，氏族为数，鼓楼众多，遂成群落，楼之平面，均为偶数（地数）楼之立面（指层数—引者注），均为奇数（天数），平面立面，天地合一，天长地久，万古留芳。楼之主柱：雷公柱一，象征一年，主承柱四，四季乃分，檐柱十二，是为月数，岁岁平和，月月安康，吉祥如意，幸福绵长。楼之端顶，葫芦串串，子孙发达，民族兴旺，楼檐翘角，仙鹤群立，展翅欲飞，瑞气盈门，楼前花坪，太阳图腾，光芒四射，布满群星。千百年来，侗族人民，异地迁徙，建村立寨，兴修鼓楼，以此为本……聚众议事，祀祭祖先，迎宾庆典，歌舞娱乐，起款断案，发布规约，多种功能，集于一身。

……程阳木匠，杨氏似玉，承头领雁，掌墨为师，构图设计，昼夜施工，百日之内，巍巍华楼，拔地而起，高耸蓝天，二十七层，三九乘数，大吉大利，久久久长……

三江县建造的世界上最大的鼓楼所用的一根木柱材料

大鼓楼施工现场

发展中的忧虑

广西木构干阑工匠们在设计和施工时所使用的“竹简”式“图纸”—香杆和套签，究竟起源于什么时候?

香杆和套签，与中原地区在蔡伦发明造纸术之前所使用的竹简，有没有什么联系?

从前，北方也建造大量的木构房屋。那么，北方的工匠们，是不是也使用过类似香杆和套签这样的设计手段?

这些问题，恐怕都已经无从考证。但是，以香杆和套签为手段和载体的广西木构干阑的设计方法，是今存的、完整的、最古老的建筑设计方法，这一点是可以肯定的。这个设计方法，现在还“活着”，还在大量使用着，这一点，也是确定无疑的。

所以，这是一份非常宝贵的历史文化遗产。

木构干阑工匠，吴世康、杨似玉、陈继荣他们，是这个方法的传承者，是这个方法的载体。这个方法，活在他们心中，如果后人不能从他们那里把这个方法学过来，这个方法就会永远地从人类的文化宝库中消失。

这样的危险是确实存在的。

杨似玉和吴世康，现在都在学习在纸上画设计图。杨似玉把自己的儿子送进学校学建筑，那个孩子已经能用电脑画图了。这都是很可喜的事情。但是，木构干阑的传统设计、建造技术，又该怎样传承下去呢？

同样的，木构干阑、木构干阑村寨也面临着全新的发展机遇和前所未有的巨大冲击。

一万年以来，木构干阑一直在随着时代的脚步演进。那是一种渐变，是按照自己的发展规律逐渐变化。新的东西从原有的肌体中生长出来，血管中流淌着母亲的血液；接受外来的东西，也是经过消化与改造，将其融入到自己的肌体之中。木构干阑的历史，从未发生过断裂。这是她的骄傲。然而，近30年来，广西木构干阑遭受到史无前例的、异常剧烈的冲击：水泥、钢材，玻璃、铝合金型材和调和漆、轻漆等现代化的建筑材料，被越来越多地使用于干阑；红砖或水泥砌块越来越多地用来砌筑干阑的墙体（这些墙体现在还只在木柱之间起围合作用而不承重，并且多用于架空层）；有些干阑的架空层被用来作为小卖部、饭店或旅馆的大堂；许多木构干阑村寨里，出现了火柴盒式的红砖房……

尽管这些变化和冲击具有积极的意义，但是，它来得太快太剧烈，已经超过了木构干阑所能承受的极限。一旦那种以为现代化就是“拆旧建新”的糊涂认识占了上风，一旦出于功利目的的大拆大建之风从城市蔓延到干阑村寨，木构干阑，我们民族的这件无价之宝灰飞烟灭的命运，就难以避免了。

二十七层的三江鼓楼

融入广西的北方院落

为了叙述的方便，我们将北方院落中的居住方式称为地居，这是与木构干阑中的楼居相对而言的。北方院落中，即使有楼，楼下也仍然是住人的房间而不是架空层，这是北方院落与广西木构干阑的根本区别。北方院落式民居与广西木构干阑，建筑平面扩展的方式和理念也完全不同。广西木构干阑一家一户的建筑平面，都是一个横向的矩形，如果要扩展，便将这个矩形拉长，但不加宽，如将三开间变成五开间、七开间；即使是几个兄弟要住在一起，也必然是将几家的干阑屋连成一长排，哪怕是横向拉长到几十米，也不会向前或向后作纵向扩展。北方院落式民居的扩展方式，则是纵向的：院落中一进的主屋(三开间或五开间)建筑平面是一个横向的矩形，这个矩形的宽度确定之后，如果要扩展，便会在这个矩形的前面或后面再加新的矩形，纵向发展为三进、五进、七进等等，在这样的纵向扩展中，一般都不会作横向的扩展，即不再去加大那个矩形的宽度。

漓江之滨始建于隋代的兴坪古镇

秦汉之际，砖木结构院落及其地居方式，随着北方移民的脚步，进入广西。历经两千多年的发展，院落式民居成为广西最主要的民居类型，壮族、侗族、瑶族、苗族等民族，也先后不同程度地接受了院落式地居这种居住形式。

秦始皇三十三年(前214年)，即秦朝在岭南置三郡的那一年，秦始皇"发诸尝逋亡人、赘婿、贾人取陆梁地，为桂林、象郡、南海，以谪遣戍"(《史记》卷六《秦始皇本纪》)。加上此前秦始皇向广西用兵留在广西的军士，总数虽然可能不足10万，但对于当时人口很少的广西来说，已经是一个很大的数字。为了稳定驻守广西的军队，赵陀上书秦始皇："求女无夫家者三万人，以为士卒补衣……秦始皇可其万五千人。"(《史记》卷一一八《淮南衡山列传》)。

派了军队，又为士卒派遣配偶。自中原迁入广西的第一批移民，便这样安顿下来了。

在此后的两千多年里，北方向广西的移民，从未停止过。移民的迁入，以时间划分，可分为两个阶段，第一阶段自秦汉始至明末，第二阶段是清代。以迁入人口的类型划分，可分为政治型移民、军事型移民和经济型移民三类。迁移的总体趋势，是由北向南和由东向西。首先是集中在河流沿岸和平原地区的城镇以及军事要地，然后向周围扩散，最终广泛地分布到广西全境的各个地方。与北方移民迁入广西相伴的，是各民族的互相融合。

秦汉至明末，移民的主体为政治型移民和军事型移民。

所谓政治型移民，是指因仕宦、贬谪、战争、动乱等原因迁入广西的移民。

晋朝永嘉之乱，大批难民南迁，其中一部分在迁移到江南后，又泛海进入交趾，再迁入广西；

唐代安史之乱，大量中原人迁居广西。宋人周去非《岭外代答》中，就记述了当时钦州的一些居民："曰北人，语言平易而杂以南音，本西北流民，自五代之乱，占籍于钦者也。"

移民进入广西，主要通道有两条，一条是北路，即从湖南经灵渠进入桂北；另一条是东路，从江西越大庾岭入广东，再辗转进入桂东、桂南一带。第一批迁入广西的客家人，走的就是这条路线。

所谓军事型移民，主要是指派入广西而留在广西的士兵及其家属。汉武帝时，派路博德等人"因南方楼船士二十余万人击粤"。(《汉书》卷二四下《食货志下》)，平定南越后，在岭南置九郡。此次从征军士，有些落籍于广西；

西汉马援率军平定征氏二姐妹的叛乱，许多士兵从此定居广西；

唐、宋两代，向广西派遣大批驻军。明代，实行卫所制度，据《广西通史》载：广西境内共设有10卫、20千户所，军队人数最多时达到128892名，加上家属，估计总数38万左右。而洪武二十六年时，广西全境只有148万人。

桂林是明代广西三司治所，又是靖江王府所在地，军队人数在1.7万以上，连同家属，总数达到5万左右。而桂林府附郭临桂县全县只不过是13万人，其中桂林城中的土著人口，大概不会超过3万。

这一阶段移民总的趋势，是由北向南发展。桂北是移民最主要的聚居地区。移民来自全国各地，其中以河南、山东、河北、安徽、湖北、福建、江苏、浙江为主。移民中官吏和士兵占很大比例。这些移民聚居的地方，也就成为砖木结构院落占优势的地区。

至明末，主流文化居主导地位的桂林、南宁、梧州、柳州等城市已相当繁荣，广西城镇体系的框架已基本形成。

清代，广西形成了移民高潮。这一阶段的移民，以经济型移民为主体。

所谓经济型移民，主要是指迁入广西经营农业、商业、手工业的人口。

最初的经济型移民，主要分布在今梧州市、玉林市、贵港市、钦州市一带。这一区域地形以平原和浅丘为主，土地肥沃，自然条件好，又是华南出海通道的腹地。因靠近福建，移民以福建籍为主。

清初，在广西实行招民垦荒政策。康熙至乾隆年间，改土归流政策的推行，为移民扫除了进入左、右江流域的障碍，经济型移民迁入广西形成高潮。据光绪年间的统计，郁林州境(今玉林)，共有村落1407个，其中612个建于乾隆末年以后，占村落总数的40%以上。自湖南、江西等地迁入桂东北地区的移民数量也急剧增加。由于连年战乱，清初，全州人口仅余1.7万多人，雍正十三年(1735年)增至5万多人，到了乾隆二十九年(1764年)更增加到13万人，比明代人口最多的时期多了一倍。从广西全境来看，顺治十八年(1661年)，广西着籍人口还不足百万，远远低于明朝洪武二十六年(1393年)148万人的水平，而到了嘉庆十七年(1812年)，广西人口数已增至730万以上，短短的150年，人口增加了5倍多。这样的增长速度，只能归因于外来人口的大量迁入。

与农业移民同时进入广西的，还有大量手工业者和商人。

粤东商人的大举西进，是明清以来广西人口迁移中的大事。他们进入广西，大都是沿江而上，沿岸经商，梧州、南宁、百色是他们十分活跃的地方。在桂西南地区的城镇中，粤商成为经济支柱。粤商中的一部分人还出资募工垦田。广东的手工业者，也大量进入广西。粤人西进，推动了一个个粤语城镇的兴起与繁荣，即使是湖南、江西商人称雄的桂北、桂东北地区，粤商也占有重要地位。经过多年的经营，粤商几乎主宰了广西的商业。他们带来的“粤风”民居，在广西各地，特别是桂西、桂南、桂东等地流行起来。

从建筑风格上看，广西砖木结构院落是“楚风”与“粤风”并存。

桂北和桂东北，移民主要来自北方，又受近邻湖南的影响，民居院落主要表现为“楚风”。

桂南、桂中、桂西、桂东地区，自清初以降，移民主要来自广东，民居院落有明显的“粤风”特征。

不管是北来的“楚风”，还是东来的“粤风”，砖木结构院落进入广西，都经历了一个广西化的过程：一方面，它秉承了中原民居院落布局严谨、强调对称的传统；另一方面，它逐渐适应广西的自然条件，又受到广西木构干阑的影响，它的布局更自由、更灵活，更注重通风采光和排水系统的完善，有些院落吸收了木构干阑的元素或结构、布局的理念和方法。因此，广西砖木结构院落，总体上刮的是融合着楚风、粤风和越（百越）风的“广西风”。

大圩古镇

秦初，开凿灵渠，连通珠江、长江两大水系，自此漓江成为中原与岭南经济文化交流的重要水道。自中原南下的船只，过洞

大圩古镇石板街

庭湖，经湘江而入兴安灵渠，转入漓江，经桂林、平乐，下梧州，可直趋广州，由广州可出海，形成了中国古代的水上丝绸之路。隋代开凿南北大运河后，这条水上通道更加畅通而繁忙。桂林是岭南重镇，大圩水路距桂林23公里，陆路距桂林仅17公里，公元前200年，即已形成居民点，是桂林下游第一个重要码头。

随着社会经济的发展和运量的日渐增大，灵渠的通行能力越来越不能适应需要。至宋代，特别是南宋建都临安（今杭州）以后，广西成为重要的后方战略基地，水上运输更趋繁忙，灵渠成为交通“瓶颈”，拥堵情况十分严重，北下的船只常常在全州便开始排队，滞留逾月而不能通过灵渠。在此情况下，自湘北—全州—兴安—入灵川县境，经崔家—高尚—三月岭（长岗岭村）—熊村—大圩古镇的一条陆上古商道便应运而生。古商道北起湘江，南至大圩，避开了灵渠这个“瓶颈”而两端依然与水道连接，以水陆相济的方式，解决了运输难的问题，大圩自此成为水陆交通的枢纽。陆路古商道沿线的一些村落迅速走向繁荣，形成一个带状文化圈。

大圩古镇位于漓江北岸，汉代已颇具规模。南宋时，在大圩设务税关，驻务税使；明代，大圩镇成为广西四大古镇（苍梧戎圩、平南县长安镇、桂平县江口镇、灵川县大圩镇）之一。

大圩在明代形成了一条2.5公里长街，长街沿江，东西走向。临江一面，常常只是一个院落前门临街，后面枕河。沿江有石砌码头13个，均宽3～4米，长约10米，伸入江中。长街的形成，是与沿江码头的排列和商业经营的需要相适应的。

大圩的13个码头，古时有明确的分工：鼓楼码头装卸桐油、茶油、火油、白果、食盐、布疋、日用百货等大宗货物；卖米码头装卸大米；圹坊码头停靠官船……从码头数量之多和分工之细，可以想见当年大圩古镇的繁荣。

古镇至今仍保持当年的风貌和格局。

古镇民居，多为二进或三进，以木构为主，两侧院墙为砖砌。院落皆临街开门，临街的房间多为商业用店面，店面后有房间，房间旁设过道通天井。天井内里是主人家居住的主屋，多为三开间，二层；天井一侧或两侧有厢房。主屋后面，有时又有后进、后院。

广西城市、集镇上沿街的民居，一般均采用这种前店后宅的布局形式。这种布局形式的普遍化，反映出手工业、商业经济收入逐渐取代了农业收入，成为城镇居民的主要经济来源。大圩临河的院落，后部多以长柱垂江，建成枕河的吊脚楼，而其街对面的院落，依逐渐升高的地势而建，前低后高。整条长街，也是依地势而建，上下曲折。

古镇长街至今保存着一条青石板街，长约800米，宽2~3米。

古镇设有湖南会馆、江西会馆和广东会馆，反映出古镇的居民多数自上述3个省份迁来。

古镇今存清真寺、古雨亭、高祖庙等公共建筑。

古镇居民除经营商业外，亦有从事手工业的传统。酒坊、竹编坊、铁匠铺临街而设，鸡蛋面、酥糖远近闻名。

熊　村

熊村距大圩约10公里，现有486户，近2000人口。

明末，徐霞客曾经熊村、大圩赴桂林。他在自己的游记中，说熊村是他一路走来所见规模最大的村子，对熊村的面食，他更是赞誉有加。

熊村坐落在一座小山上，山下有一条小河。人们在小河上游筑坝，抬高水位，然后沿山脚开渠引水，沿渠建房，形成熊村最早的村街。沿街民居，均以青砖砌筑院墙，临渠开门，门前以一石条跨渠而过，形成“小桥流水人家”的格局。

街上有一口古井，井畔有砖砌里坊门，门墙上嵌有一方石碑，其文曰：

“尝谓风俗故所宜修，神灵亦所当祀。且吾街自明正德年间遗有一泉，名曰仁寿泉，乃吾街饥食渴饮之所，惜无雨亭。至大清光绪二十六年九月，合街商议，各户解囊，随缘乐助，遂得请匠鸠工，重建雨亭及扎门照墙，不日告竣。从此挑水者顺时永无雨滴之忧，晚闲扎门可有平康之庆。是为序。

光绪二十六年九月　龙传众立”

如果碑文所言不虚，建于明正德年间，那么熊村的这条“小桥流水人家”的古街，应该已经有500多年的历史了。

井边为村道，道旁为水渠，当年是先有井还是先有渠，已无法考证。

随着人口的增加，熊村逐渐向河边的小山上发展，最后是民居布满了整个山包。

山坡上的街巷，依等高线布置，转折自如。街巷相交处或街巷出入口，均设有里坊门。村内的里坊门不高，尺度与民居很和

熊村村街——小桥流水人家

谐，而村门，则以青砖砌筑，很厚实很坚固。临河的那座村门，是一座窗子开得很小的三层楼，高踞于河岸的陡坡上，很是险峻。

作为古商道上的大村镇，熊村的街市是分区分行的，有牛市、猪市、草帽市、竹编市、农具市等。这些商业街市上民居的格局，与大圩基本相同，都是临街开店，前店后居，几乎家家临街的窗下都砌有一青砖柜台；台高1米余，宽约40厘米，长约1米。其上为窗，将窗板打开，商品往柜台上一摆，就可以做生意了。傍晚，将商品收回，上好窗板，关上木门，就收市了，十分方便。这样的格局所反映出来的交易方式，是客人站在街上就可以隔着柜台与商家交易，不一定要跨过门槛进到店里来。

熊村周围，阡陌纵横，村民亦农亦商，水稻是主要农作物。

村中0－33号民居，原为一李姓地主的家产，建在山坡上，面向村街开门。青砖院墙严密围合，高于院内的屋脊。院子的地势是前高后低，所以院墙有两个水平高度不同的分段，形成梯级。

院内分三进，由前至后，依次降低。一般的民居院落，如果依山坡而建，都会面向山下，前低后高。这家院子却是相反的。这是因为院落面对的村街处于山坡上较高的位置，而院落的地势较低，它又必须将正门开在街上。这与木构干阑村寨中的情况形成强烈的对比：木构干阑村寨中也有成等高线布置的村街，但处于村街下方的木楼绝不会朝向这条村街，它必定是面向山下的，当

熊村古代商业街。几乎家家门前都有这样一个砖砌的三尺柜台

整个村寨处于同一面山坡上的时候，全村所有的木楼都是一个朝向，朝着山下。李姓院落前高后低的布局，反映出在当年的熊村，经营店铺的收入，已经在人们的经济收入中占了相当大的比重。

院内铺青石板，仅一侧有厢房。最后一进架空于陡坡之上，地板为木板。后进堂屋的后门比前院的门要高大得多。打开两扇后门，视野十分开阔，脚下是本家的果园，除种有数株柑橘、柚子之外，还有菊花。果园之下，是绕村而过的清流，清流以外，稻田万顷，其间杂以竹林，远近丘山，苍翠欲滴。

从这个院落的格局，可以想见主人当年的生活方式：前院开店做生意，田间种稻禾，二进起居，后进读书，吟诗作画。如有朋友来访，必定是延引至后进，坐在堂屋里，打开门窗，便进入了“开轩面场圃，把酒话桑麻”的诗境。

熊村居民内院

长岗岭村

长岗岭村距熊村约20公里，距灵川县城约40公里，位于海洋山腹地五条小山脉余脉汇聚处所形成的高山小盆地中心，地势起伏，但坡度平缓。

该村现有104户，400余人，均为汉族，大部分居住于今存之明、清两代所建的传统民居院落中。村中陈、莫、刘三姓为大姓。据莫氏族谱记载，陈、莫、刘三族均系南宋理宗年间（公元1224～1264年）为避战乱而从山东青州南迁，于明代定居此处。

明、清两季，古商道上商旅往来，络绎不绝。长岗岭人借此优势经商，有些人发了财，便购置田地，大兴土木盖房子。

长岗岭村古建筑群

现存古民居群分两大组团，大多数朝向一致（西南向），由坡底依山势层层向上分布。清代古民居主体院落，外墙为青砖砌筑，院墙内为木构房屋，盖小青瓦，房屋皆为单层，天井为石砌；明代建筑多为土坯墙、小砌墙。

村内院落排列整齐，前后院落之间高度不同，各家院落进深也不一致，但各院落宽度一致，并处于同一纵向中轴线上。几个大院落多为三进或四进，亦有达10进者。院落中天井两侧在院墙上开侧门，通向院墙外的“横屋”。横屋沿院墙走向排列，横屋与院墙之间设有通道，沿通道有石砌或砖砌排水沟。横屋均朝向院墙开门、开窗，一般为一间进深，分隔成一间一间连排的单房，为仆人居处。也有两三间进深的横屋，这是一种小型的三合院，院门像其他横屋一样，朝向主体院落围墙开设。横屋前的走道，在院子前方开有小门。走道与小门供女眷和仆人出入之用。

北方的民居形式在进入广西后，有一个逐步适应广西自然条件的“广西化”过程，由原来的较为封闭，发展为较为开放，注重通风、采光、排水。同时，移民定居下来之后，开拓垦殖，积累财富也需要有相当长的时间。所以，长岗岭村明代院落较简陋，规模也较小。由前房和后房组成，天井小或没有天井，在前房正面墙高于门的地方，开一列数个小窗通风采光。这是桂北明代民居通常采用的方法。而到了清代，长岗岭人再盖房子的时候，手头显然就阔绰得多了，所以，房子也就高大、堂皇起来。

相比之下，长岗岭村的清代民居较他处清代民居要高大一些，整体风格雄伟朴实。院落内的建筑细部则相当讲究，精雕细刻：窗花与门雕十分精致，多上金粉，神龛亦金碧辉煌。石雕、砖雕图案丰富多彩，刀法圆熟，达到了很高的水平。

村中道路，规划严整，一条条村道横平竖直。村人建房，数百年来坚持按规划办事，真是难能可贵。不像我们今天这样，规划朝令夕改。

村中清代道路以青石板铺砌，明代道路以鹅卵石铺就。

村中至今完好地保存着一座清代戏台：青砖墙围合成一个长方形院子，院子一头设戏台，戏台为木构，下层架空约2米高，硬山顶，盖小青瓦。隔着一个大天井，设观戏楼，木构，三个大开间，两层，歇山顶。

像这样不但有戏台，还安排了两层的观戏楼，并将戏台、观戏楼以青砖墙围合在一起，成为一个完整的“戏院”，这种情况，为广西民居中所仅见。

村旁山坡上，有古墓数座，墓碑石刻亦很精美。

村中有祠堂、官厅（专为接待官员之用）、祖厅（功能类似祠堂）、凉亭、古井等公共建筑、公共设施。全村雨水、污水排放，均走暗沟，沟长数百米，内可容人。

明、清长岗岭村全盛时期，有“小南京”之称，全村拥有良田超万亩，村中富豪“捐金以筑县垣”、“输财以修圣庙”，今存莫家老大院11进建筑，新大院10进建筑，是当日长岗岭盛况的物证。

对于古商道的维护与道路设施的建设，长岗岭人颇为热心。村庄附近古道上现存凉亭两座，均为村人捐资修建。清末村中富商莫崇玖独资捐建五里亭，并捐田八亩六分，以其田租常年雇人烧茶于亭中，供行人饮用。清光绪三十三年（公元1907年），他又出资募工，于古商道两旁种植松树。那些松树，今存500余株，夹

长岗岭村古民居中的柱础

道而立，浓荫蔽日。

20世纪30年代，湘桂公路通车，灵渠上繁忙的水运成为历史，古商道亦风光不再。长岗岭村的经济随之退回单纯的农业经济。

水源头村

兴安县白石乡水源头村，位于桂北海洋山中。

村庄四周，群山环抱，村庄依山而建，村前平野开阔。村中秦姓的10座院落，分前后两排，排列十分规整。前排几家门前，设一共同的前院，前院以大块条石铺地。有一个共同的院门，院门有门楼，门楼两旁有附房。

秦姓的这个院落群，形成了村庄的主体。

最引人注目的，是院落群中的排水设施。

整个院落群依山而建，前低后高，院落群后面，是林木茂盛的山坡。后排院落后墙外，以料石铺地，形成狭长的一条约8米宽的通道，贴着山坡，以料石砌筑约1.5米高的挡土墙。

后排院落后墙的墙基，以料石砌筑，墙下设一条料石砌筑的排水沟，排水沟围着院墙的墙脚，转弯后沿院落之间的巷道通向山下。院落之间的巷道也是料石铺就，两侧各有一条石砌的排水沟。前后两排院落之间，各自院墙下亦有同样的排水沟。纵向、横向相交的排水沟，构成了院落群院外的排水系统。雨天，山坡上流下的雨水，经过后排院落后墙下狭长石铺走道的缓冲后，可以顺畅地沿着排水沟，向前流向山下，流出院落群。若是雨大水大，排水沟排放不及，院落间的巷道可以发挥一条大排水沟的作用，将水流顺畅排出。

天井是院内排水系统的枢纽。屋面的雨水，积聚入天井。天井全为料石铺砌，矩形，约20平方米，为下沉式——廊下的地面高出天井地面约30厘米，天井在雨天成为一个大蓄水池，确保再多的雨水也不会漫入室内。天井前后壁下方皆开有水孔。后进天

兴安县水源头村

井中的雨水经由室内地下暗沟，排入前一进天井，这样依次将雨水从院落中由后向前地排出去，汇入院前院墙下的排水沟。

在没有水泥的条件下，秦氏院落群以料石为材料构筑的这个排水系统，历经几百年的检验，至今还保存完好并发挥作用。

水源头村民居院落外墙下设有石砌排水沟，以此构成室外排水系统

类似的院内院外相结合，明暗相结合的排水系统，在兴业县的庞村和灵山县的大庐村，则是以青砖为材料砌筑而成。

水源头是一个由政治型移民形成的村落。

明洪武年间，山东籍的一名秦姓官员被贬至兴安县海洋乡落户，他家族中的一个分支移居于此，繁衍600年，发展成今天的112户，415人。

大凡因仕宦或官员遭贬谪而迁居广西形成的村落，一般都有重视教育的传统，居住文化中，“耕读传家”的儒学思想占主导地位。水源头村村东有一山，人称“书房山”，下设旧式学堂一间。过去，村里年年都以重金聘请教师来此执教。明、清两季，该村共出了十几位进士和武举。据说还有文、武状元各一人。清嘉庆十三年（1808年），秦氏第十七世孙秦本洛高中武状元。秦氏院落群门楼上至今高悬“武魁”匾一块，款识为“嘉庆拾叁年恩科武魁钦命赠武职郎秦本洛”，另有“文魁”匾一块。

兴安县是我国著名的银杏产地，白石乡是银杏之乡。水源头村中广植银杏树，浓荫葱翠。有一株古银杏树，树干在距地面1米上下分成7枝，人称“七仙女”树。

江头村

灵川县江头村位于漓江支流——甘棠江的上游，从湖南通往桂林的古“湖广大道”从村旁蜿蜒而过。

村子坐西朝东，村前平野开阔，稻田无际，其间有三条河，由近及远依次是：护龙河、西江河、东江河。护龙河绕村而过，清澈见底，又名社江。村子背靠五指界，山峦起伏，远苍近黛，村人有“两龙进脉”之说。前方平野间，有数座石灰岩山峰拔地而起，村子正对面的是笔架山，东北有将军山，东南有仙人山。

群山环卫，绿水长流。村人说，这是一块“凤凰宝地”。

全村158户，680余人，住房180余座，其中60%保留着明清两代古民居的原状。

村人大多数姓周，其祖上于明弘治元年（1488年）自湖南道县迁入广西，先居龙胜，后定居于此。据村中老人说：当时此地居住的瑶族，后来迁往龙胜定居。

村中周姓，是宋代大理学家周敦颐的后裔。

周敦颐（1017~1073年），字茂叔，湖南道州（今道县）人，为我国宋、明理学的开山祖。他的《太极图》，奠定了中国理学文化的基础，他的散文《爱莲说》，更是流传千年的名篇。周敦颐曾任州县官吏，为官清廉，颇有政绩。

江头村民居，朝向皆为东北向。民居多为二进或三进，排列整齐，常见若干座院子并肩排列，彼此之间仅隔一道院墙。各家的院子均设有侧门，可以互相连通。

周姓祠堂名“爱连家祠”，位于村子的东端，是全村最高大也最具代表性的建筑，落成于清光绪十四年(1888年)。原为五进(现存三进)，占地1200平方米，五开间，二层，内部为独立的木构架，房间的墙也都是木板壁，外以青砖院墙围护。周姓族人在设计祠堂时，曾前往湖南、云南等地考察，吸收各地祠堂建筑艺术的精华。施工时，青砖要五面磨平，以木炭粉拌石灰勾缝，每工每日砌砖不得超过26块，用了6年时间才完成整座建筑的施工。其施工的顺序，应该是先将全木构的房子建好，然后再在其外面砌上青砖围墙。

祠堂的青砖围墙，墙头有龙脊式，有马头墙式，多种墙头形式汇于一身。祠堂前原有风雨亭，是周氏家族挂功名牌之处。祠堂大门六扇，均饰有彩绘门神。大门以内，原置有左钟右鼓。三进堂屋正中立一木壁，楷书抄录着《爱莲说》全文。

祠堂前小河上，架一座石拱桥，连接“湖广大道”。河对岸桥头下原有一座砖塔，专为焚毁字纸之用。村中历来重视教育，祠堂初为塾师授课之处，后演变为书院、学堂、学校。江头村历代出过秀才160余名，举人25名，进士7名。

祠堂和村子里，今天仍然弥漫着周敦颐的气息：祠堂里木窗的窗棂，图案不是一般的瑞兽吉物，而是周敦颐的语录；民居中的石刻、木雕，也多以莲花、八卦为题材；祠堂西侧的小河边，原先有爱莲池；以鹅卵石铺就的村路和农家院坪，镶嵌着的图案，很多也是以莲花为主题。

村中明、清两代的民居，有着明显的区别。早期的明代民居较低矮，开间也小，无前院，无门楼，前进与后进几乎贴在一起，中间只有一极窄间隙；进入清代以后，建筑明显地高大、宽敞起来，家家都有门楼，有前院，有天井，正房正立面全系木门木窗木壁，门、窗打开后，堂屋正面可以完全开敞。斜脊的线条也由明代的内敛变得张扬。前后对比，可以看出明代江头村的周姓居民经济实力尚弱，当时民居建筑的封闭性则反映出社会环境的不安定和北来的民居建筑尚不能适应广西的自然条件。而随着时间的推移，北方院落不断变化，逐渐融入了广西的环境之中，完成了北方院落的广西化。

江头村的村民，很懂得珍惜自己的历史文化财富，从上个世纪

灵川县江头村村头的祠堂——爱莲家祠

末开始，他们组织起来，出义务工打扫村庄的卫生，修整村中道路，各家各户都认真保持自家房屋、院子的清洁整齐，并将自家收藏的古董、文物都拿出来，集中到一起，办起了村文物馆。在县政府的支持和社会各方的帮助下，他们依托本村的传统民居群，自办旅游业，慕名前来参观的人越来越多。

龙井村

贺州市沙田镇龙井村坐落于一条东西向的小山脊上。山脊东低西高，连绵起伏，其状若龙。东端“龙首”伸向沙田河，在龙首与沙田河之间的龙首低俯处，地下涌出一股甘泉，如龙的眼睛，故称龙泉，村落由此得名。

龙井村自龙泉旁，由低向高，由东向西、向南展开，由龙泉进村须经过一座青砖门楼。村子北侧，一条小路由西向东傍着村子向下延伸到沙田河畔，沿着这条路，龙井村一路排开若干座门楼，门楼内里，便是入村的一条条巷道。

龙井村居民为汉族，主要是张、王两个大姓，于嘉庆、道光年间（1796~1850年）自广东迁来。他们比客家人迁来这一带的时间要早一些，故自称“本地人”。在这些本地人和客家人迁来定居之前，这里居住的是瑶族和苗族。

龙井村人虽然是汉族，但是他们每年农历10月16日，都要过瑶族的盘王节。在村民张时群家的砖木结构院落的一角，在正房的砖砌山墙下与院墙之间，至今保留着一间木构小屋。小屋的木地板高于地面，要踏上三五级台阶，才能进入小屋。小屋地板下面，是一个大半截埋在地下的马房。上层住人，其下圈养牲畜，这是典型的木构干阑居住方式；在村边一座门楼下面的一座高约1.5米的小庙里，供奉着一块山形的石头，这种对于自然神的崇拜，同样具有浓厚的壮、瑶、侗等少数民族的文化特征。可见，在龙井村这一带地方，汉、瑶、苗各族有过长期的杂居，各民族间的文化互相交流、融合，形成了今天龙井村文化的多姿多彩。

龙井村由一座座独立的院落组成，院落皆坐西向东。院落一般为两进。进入大门是门厅，天井两侧为厢房。正房为三开间，多为单层，砖木结构。

与众不同的是，龙井村民居院落的大门，平时是紧闭不开的。有些人家偶尔打开一下院门，也是半开半掩。在门厅中，正对着院门外面，必然要立一木屏风。据说，这是为了防止财气外泄。

龙井村人出入院子，都走横在正屋前面的走廊。走廊向北经过杂物房和其他的附房（如果有的话）后，向西拐个弯，出侧门，门外有路通向村街；走廊向南通向旁边附属的小院或连通厨房等附房。出入走横向的走廊，其寓意是“发横财”。

龙井村人用一个顺口溜来概括本村民居的特点：

一进一井（天井）一书房

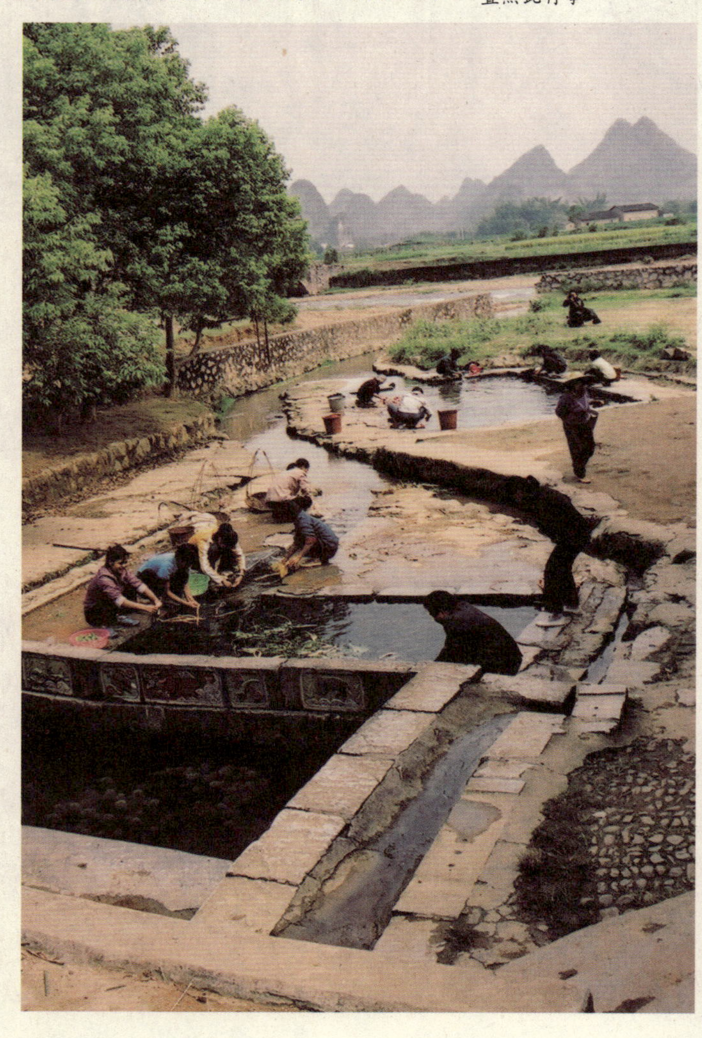

龙井村的水井，上面池子的水供饮用，中间池子的水洗菜淘米，下面的池子洗衣服。村人一直照此行事

（天井旁的厢房常作为书房），二进二层（二进正屋的堂屋是一层，两旁的两间有时是两层，但三间正屋的屋脊高度是一致的）二厅堂，大门不走走侧廊。

紧闭大门而走侧廊的另一个原因，是为了防卫。这一点如果同龙井村的路网联系在一起来考察，会看得更清楚。

龙井村的村街，不是直线式的，而是弯弯曲曲的，由此影响到各家院落也不是排列在一条直线上，而是呈“之”字形组合。由村街通向院落侧门的小径，更是极尽曲折之能事——你前面永远是一堵墙，走过一段窄窄的，两旁高墙、矮墙、蓠笆夹峙的小径，来到墙根前，拐个弯，前面不远处又是一堵墙，这样拐若干个弯，才能进入院落的侧门。

弯曲的村街，弯弯曲曲的小径，使龙井村的路网成了一个迷宫，一个迷魂阵，再加上通往院子侧门的路径又是那么曲里拐弯，陌生人进了村，肯定摸不清东南西北。这让人想起《水浒》里祝家庄的道路。

龙井村的张姓和王姓，由于是从广东不同的地方迁来，风俗也有所不同。张姓是从南海迁来，他们尊崇祖先，祭祀隆重，不仅各房要建各房的祠堂，祭拜本支系共同的祖先，而且各家各户也要设神龛专门供奉自己家的祖先。王姓也设祠堂，他们在祠堂中往往会辟出一间小屋，供本族中新婚男子夫妇俩居住，一般要等到另外有一个青年男子要娶亲了，前面那一对新人才能搬回自己家住，把祠堂中的那间小屋子让给新婚夫妇。

莲塘镇仁冲村客家围屋

广西的客家人，多分布于桂东南、桂东北、桂南地区。客家人离开黄河流域，几度辗转、留居，最后才由福建、江西、广东等地迁入广西定居。

围屋是不同于土楼的客家传统的民居形式，由房屋和围墙围合成一个大院，大院中，若干个互相连通的小院落以厅和天井为枢纽组织在一起，形成棋盘式严整的院落群。

贺州市莲塘镇仁冲村江氏围屋有两座，彼此相距数百米，隔着稻田遥遥相望。两座围屋格局大体相似，都是依山而建，面向田野，进入大门后有一个大广场，广场的一边，排列着院落群，另一边是围墙。院落群的地势前低后高，后部有井，有小广场。与一般院落院门和主屋均面向广场不同的是，江氏围屋是以山墙对着广场的，山墙上开窗，两栋房子的山墙之间，以“横鳌”（横屋）

连接。这样两纵（两堵山墙）一横为一组，一组一组地排列下去，形成围屋主体正立面波浪式起伏的天际线。

围屋中的天井，既起着组织周围建筑的作用，又发挥着通风、采光的功能，天井与开敞的厅相结合，使围屋高度密集的建筑组合中，通风采光良好，加上客家人爱干净、勤打扫，围屋中的环境清洁、典雅、宁静而又舒适。

仁冲村江氏围屋的基地，本来是烂泥塘，淤泥很深，造屋前，先打下许多杉木桩，对地基进行加固。由此可以想见江氏的前辈当年开发这里时，是何等的艰辛。

围屋内庭

秀 水 村

秀水村位于富川县西北部，距富川县城约30公里，与湖南省江永县桃川镇相邻。

秀水村始建于唐开元年间。始祖毛衷，乃浙江江山县人氏，唐开元年间进士。毛衷任贺州刺史时，途经秀水，见山川秀美，曰："此为圣地，居择于此，后世当有贤豪者出焉。"离任后，即自浙江江山携家人来此落户定居。经一千余年的繁衍，秀水村现有600户，2100余人。

秀水村地势平坦，东靠群山，清澈的石鼓河、乌源河、黄沙河在村中汇成秀水河后，向北流入湖南，再经龙虎关折回广西，经恭城、平乐汇入桂江。

蜿蜒的江流和湖塘水面，将秀水村分隔为石余、八房、安福、水楼等4个自然村。村落的典型的格局是：街巷向江流开口，巷口设门楼，沿江边辟道路，出巷口跨过道路，便是码头。村街皆以卵石铺砌。民居建筑均为砖木结构，多为一层，有少量二层。

秀水村人十分重视教育，宋代便有4所书院，远近的学子都来此求学。宋宁宗时，秀水村出了一位状元毛自知。为了等他荣归故里建房，村人在村中腹地预留了一块空地，但毛自知后来未能回到家乡，那块约1100平方米的空地就永远地留在了那里。空地铺砌了卵石，成为村中的广场，人称"八房花街大坪"。大坪四周，整齐地排列着一座座村街的门楼。

富川县秀水村村头古桥

除了充分利用秀水河及其支流布置村街之外，村人又将村西南的泉水引入村庄，分东西两路绕村而过，沿途形成一个个水塘，方便了村民生活和农田用水，同时也丰富、美化了村庄景观。

秀水村的4个村各建有戏台

秀水村的另一处入口

秀水村民居

一座，台前有观戏坪。其中有两座戏台，引流水从台下穿过，坦川戏台的台前、台侧也是碧波荡漾的水面，形成了超凡脱俗的优雅环境。

秀水村的“八房花街大坪”，街巷均通向大坪，巷口设门楼

秀水村毛氏宗祠

秀水村的一座“水上”戏台

黄姚古镇

黄姚古镇位于昭平县东北部岩溶地区的峰林、河流之间。

昭平县位于广西东部，秦属桂林郡，汉属苍梧郡，至宋代，改隶昭州。

北宋时，黄姚方圆数十里人烟稀少，宋将狄青南征，其部将杨文广率部至此，得知今天黄姚古镇的这个地方只有两户土著居民，一户姓黄，一户姓姚，便将此地称为“黄姚”，古镇因此得名。至元末，该处居民增至黄、姚、邹、伍、孟、曾、邓、蒙八姓。清代，广东移民大增，居民中，汉族已占绝大多数。古街上的莫氏宗祠联曰：“钜鹿开世系，粤桂衍宗支”，说的就是莫氏宗族祖藉河北，是从河北迁移到广东，再从广东迁来此地定居的。

古镇上的古街，现有居民500余户，2800余人，居民多以农耕为主，主要种植水稻、红薯，著名的土特产有豆豉、黄精、青梅等。“黄姚豆豉”清代时为贡品，民国时蜚声海内外。

黄姚地处石灰岩峰林间。这里三面皆山，古镇的主体，坐落在姚江、珠江和兴宁河三条河流的汇聚之处。

古镇主街东西向，长约1公里，最宽处6.1米，最窄处2米，用99999块青石板铺砌而成。主街一头为带龙桥，一头接天然桥。主街两侧，各分出4条小街。小街蜿蜒曲折，都用石板或鹅卵石铺砌。整个路网，形状如同一条青龙，主街是龙身，八条小街是龙爪。

古镇四周，筑有石墙，设多个寨门，寨门形式风格各不相同，以东门最为雄伟。镇内街道，分段设有街门。

虽然有姚江等三条河流穿越古镇，但古镇的民居，并不面江而立，而是采取街道与河流垂直布置的手法，街口设在河边，街上人家皆面街开门。

古镇的古街区，今存明清古建筑300多栋，建筑面积16000多平方米，砖木结构，青砖黛瓦，屋顶多为硬山，亦有悬山、歇山式。民居院落多为二进。主街上民居临街设铺面，铺面里面设天井，天井内里为居室。

古街现存公共建筑有宗祠十一座，石拱桥数座，还有戏台、庙

雨中的黄姚古镇

黄姚古镇河边的水井，和龙井村的水井一样，上、中、下三个水池的用途是严格区分开的

黄姚古镇民居街巷向河设门楼。河边凉亭砖柱对联云："坐久不知红日到，闲来偏笑红日忙"，抒发一种闲淡的情怀

宇、凉亭等。

在峰林、江流、古树、翠竹、稻田所形成的优美环境中，古镇统一布局，建筑风格、建筑色彩一致，街巷与建筑尺度宜人，总体上给人的感觉，是这里的人们在过着自己的日子，并精心把自己的日子安排好。古街上没有那种刻意求大、求高的宏伟的建筑，民居的尺度，公共建筑的尺度都控制在"宜人"的范围之内。在需要大空间的时候，不只是在建筑上想办法，而是调动周围的环境，让周边可利用的空地，来补建筑空间的不足。如兴宁庙，初时为一座高5米的小庙，后来扩建，增加了真武亭、护龙桥、鼓乐亭等建筑，总面积也不过200平方米。庙建于河边，庙前只有一条窄路，并无活动空间。后来在庙前建真武亭，建一座石桥，石桥设护栏，又通过石桥连接对岸的一小片空地，以这样的手段，取得了祭祀等项活动所需要的空间。

大量地使用石头，是黄姚古街的又一大特色：街道以石板铺砌，农家的晒谷场，也用石板铺砌。筑围墙用石块，民居院子里铺石板，台阶用条石……古街简直就是一个石头的世界。大量使用石头，是因为这里处于峰林之间，石头多。当初地势起伏不平，取高处的石头作建筑材料，不但取得了建筑材料，也为古街争得了较为平坦的地形。

庞　村

庞村位于桂东南地区的兴业市建成区边缘，周围地势平坦，远山三面环绕。

桂东南，是广东移民进入广西定居的重点地区。

梁氏古民居群处于庞村的核心位置，并成为村落主体。古民居原有31座院落，总建筑面积25000平方米，现存28座，其中19座被列为县级文物保护单位，总建筑面积20000平方米，院落中建筑面积最大者为1500平方米。

古民居群有着较为完善的总体规划，院落集中分布，排列整齐，朝向均为南向偏东20°。院落多为一门两进或三进。进深最长者为53.4米，面宽最大者为7开间28米，最小者为三开间12米。各院落间或以近2米宽的小巷分隔，或同墙连体。前后院落之间道路宽约4～6米。梁氏祠堂位于古民居群的最南端。民居群西侧，建有雨霖小榭、鱼乐池、云廊、晓翠亭等，与绿化配合，形成小花园；东侧设戏台，配有园林景观。两侧休闲、园林设施的自由布局与院落的严整形成鲜明对比。

建筑均为砖木结构，盖小青瓦，除个别为悬山顶外，多为硬山顶。墙体多为青砖清水墙，亦有青砖墙包泥砖墙或泥砖墙。多

兴业县庞村古建筑群

为单檐。院落主体布局大体相似但不雷同，院落主体两侧设横屋、小院、小天井，变化十分丰富。多用砖柱，亦有石柱、木柱。砖柱多圆柱，或清水砖柱，或抹灰并上色。院间巷道、天井多铺青砖。院中设水井。排水系统完善。

古建筑群中，砖雕、灰塑、木雕、彩绘、石刻随处可见，其质其量都是广西传统民居中罕见的。梁氏祠堂与将军第是该民居群的代表作，结构、用料、工艺、装饰均十分讲究。

庞村古民居群的发展史，是与清初、清中叶桂东南的北流、兴业一带的蓝靛生产与经营密切相关的。蓝靛是以蓝靛草为主要原料制造的一种传统染料。当时北流、兴业一带的商人（主要是从广东来的，或广东籍的客商），从农民手中收购蓝靛草，集中制成蓝靛染料后售出。这是一条“商家＋工场＋农户”的生产经营链条。当时的销售方向，主要是广东，并由广州等处出口，销往海外（主要是东南亚）。

梁氏古建筑群的创始人梁标文，原是一个为广东老板打工的穷苦孤儿，他聪明、苦干、诚信，获得了老板的信任与支持，最后自己成为经营蓝靛的大商人、兴业首富，于是置地建房。

清乾隆四十一年（1776年），梁标文建起了今天庞村古民居群的第一个院落，两进三开间。继而又建一座，三进五开间。其子孙后人陆续再建，至嘉庆、道光年间，共建成院落31座、72进。

庞村古民居群的崛起，折射出清初、清中期桂东南一带商品经济的活跃，像蓝靛这样的工业原料不但在国内销售，并且已经在国际市场占有重要的地位，说明广西传统的、单一的小农经济，正在发生深刻的变化，资本主义的萌芽已经生长出来，并深刻地影响着社会和人们的生活。从庞村古民居群的精美和它的规模，我们可以想见当年兴业、北流蓝靛生产与经营的辉煌。

梁标文虽然是经商起家，但他极重视儿孙的文化教育，其后人中出了不少读书人，还出过一位将军。中国历代封建统治者重农轻商，以经商致富的梁氏家族，显然还没有力量摆脱这种传统的束缚。

庞村古民居群，属“粤风”建筑。各个院落，都严格按照当初的规划整齐布局。由于建筑时间有早有晚，院落之间，有很大的差别。在装饰风格上，庞村古民居群洋溢着求新求美的精神，极富变化。其彩绘、雕塑风格清新灵动，与中原文化的凝重典雅有很大的不同。个别院落在布局上别出心裁，标新立异，如152号院，院门外左右各设一座门楼，虽只一层，并不高大，但装饰十分讲究，装饰的重点在屋脊和封檐板。那封檐板又厚又宽，木雕华美，十分罕见。两门楼的外墙之间，以一道高约2米的短墙连接，短墙横在院落前面，正面挡住院门，形成院门前的一个矩形小广场。人们须从两旁的门楼进入这个小广场，然后才能跨进院门。这种自由灵活的处理方式，反映出清代在桂东南这样一个商品经济较为发达的地区，人们在民居建筑上突破传统的创新相当活跃。

苏　村

灵山县是著名的荔枝之乡，位于广西南部，秦属象州郡，现属钦州市所辖，聚居着汉、壮、瑶、苗等各民族的134.7万人。

灵山县石塘镇苏村，位于县城东北30公里处。村落所处地势平坦，仅村西横亘一山，村落绵延至山脚下止步。

全村800余户，3500余人，均为汉族。

钦州是汉族移民的重点地区，秦时，灵山就形成了以军事移民为主体的北方移民群体。宋代、明代形成两次移民高潮，移民多来自山东、河南。清代移民数量剧增，其来源以广东为主。

苏村的古民居群，由刘氏、丁氏、陈氏、杨氏、张氏、苏氏等院落群组成，其中以刘氏院落群最具代表性。

今存刘氏院落群位于苏村东北部，由祠堂和6个院落组成，建筑面积约4000平方米。建于清康熙至乾隆年间，属政治型移民中的仕宦移民。今存的宅院各冠以司马第、大夫第、二尹第、司训第等名号，可见当年均为官宦人家。

刘氏家族是广东迁来的移民。

刘氏院落群的几个院落，二至四进不等，均东北向，排列十分整齐，祠堂与司马第等4个院落处于同一条横线上，祠堂在最北边，另一端的贡元楼（院落名），虽然同样面朝东北，但要比祠堂和其他几个院落向前突出8米左右，这样它就与其他几个院落及祠堂共同围合出一个曲尺形的小广场，小广场的前方，有一池塘（今已改为篮球场）。

在这一排院落的后面，布置第二排院落，其排列当年应该也是十分整齐的，今存的司训第，就排在前一排院落中居中的大夫第后面。

刘氏院落群每个院落前后两进的山墙均采用龙脊式，以院墙相连接，围合成严整的矩形院落平面。龙脊式的山墙，在贺州市俗称“将军帽”，在灵山县俗称“镬耳楼”（因其形似锅耳），在民居院落中是经常可以见到的，但苏村刘氏院落群的龙脊山墙，全部为青砖清水墙，高度一致，规格统一，排列整齐，组成蔚为壮观的拱形山墙方阵，气势恢宏，蕴含着震撼人心的力量。

灵山县苏村刘氏院落群

苏村刘氏民居檐口装饰

刘氏院落群的院门，屋门不但门框使用大理石条石砌筑，门周围的墙面，也用方方正正的大理石料石砌筑，院落群的天井一般均较窄小，有些院落后进的门不开设在中轴线上，而是开在旁边，门很窄，宽仅 1 米左右，后进正面墙亦以大面积大理石墙和青砖墙组成，十分牢固。人们从前进进入窄小的天井后，即处于四面高墙之下，有落入井底的感觉。可以想像得到，当年修筑这些庭院时，主人对于院落的防卫功能是十分看重的。

刘氏祠堂是精美木雕、石雕的荟萃之处。大夫第第三进厅堂后门的方形大理石门柱上的雕刻，更是气势不凡。

苏村是太平天国著名女将苏三娘故里。苏三娘牺牲后，葬于村头。村头今有“苏三娘故乡”碑一块。

大芦村

大芦村位于灵山县东北，距县城8公里。这里山丘低矮，坡度平缓。村落坐落于起伏的土丘之间。村民以种植水稻、荔枝和柑橘为主。该村盛产的“三月红”荔枝，是荔枝中的名种。

大芦村的明、清古民居群，由劳氏9个院落组成，约占地30000多平方米。

劳姓是村中的大姓。明中叶，劳余庆任灵山学博，举家由广东南海迁至灵山，其后人于嘉靖二十五年（1546年）在大芦村首建劳氏祖屋（俗称镬耳楼），此后相继建造了三达堂（清康熙三十年，即1691年）、东园别墅（1757年）、双庆堂（1826年）、劳克中

灵山县大芦村古民居群中的几个院落

祠堂（1863年）等9个院落，成为大芦村的主体。

劳氏院落群中的镬耳楼、三达堂、双庆堂等三个院落与东园别墅中的三个院落，围着葫芦形的水塘，形成曲尺形的围合。

劳氏祖屋镬耳楼、三达堂、双庆堂等三个院落，组成一个紧密的整体，并排排列，院落主体均东向，面对池塘；东园别墅的"外翰弟"大门中，也是三个院落并排排列，均坐北朝南，面对池塘。两组院落隔水塘相望，彼此呼应，形成一个有机的整体。坐西朝东的镬耳楼、三达堂等三座院落背后，是一座小山丘，为了使"靠山"更有力，劳氏在山上种了一排大榕树，以增山丘之势。在水塘的出水口附近，种植樟树数株，以聚气聚材。如今，榕树和樟树都已是数百年的巨木，与池塘边同样是数百年的荔枝树，共同诉说着村庄悠久的历史。

东园别墅中的三个院落，分属于当年的劳氏三兄弟。三个院子门前有一个青砖铺地的大广场，广场前是三家共用的一个院门。这样的格局，与兴安县水源头村秦氏院落群的布置十分相似，是广西砖木结构院落群经常采用的布局方式。

在几座劳氏院落中，东园别墅修造的时间，比与之隔着水塘相望的双达堂要晚。双达堂的主人，是东园别墅主人的先辈，所以，东园别墅中的三个院落，虽然规模要比双达堂大，屋宇也更高峻宏丽，但三家共同的大院院门的门楼，却做得比双达堂的门楼要矮小一些，以示"孝道"和谦恭。东园别墅里三个院落并排排列，表示的是骨肉兄弟的和睦。三个院子前共同的大广场，是家庭祭祀礼仪的场地。在祭祀祖先的日子里，合族人聚集于此，祭拜、饮宴。

劳氏院落群均为砖木结构，墙体均为青砖清水墙，院墙与屋墙相连接，围合成一个个封闭的院落。院落主体外，有附属的居住区。附属居住区由廊屋、甬道、过厅（常常配有厢房）和三合院、四合院组成，其占地面积有时大大超过院落主体的占地面积。

在劳氏院落中，规矩森严：上下尊卑，各住各的房，各走各的道，不能越雷池半步。男主人出入，走正门；女眷和仆人出入，则只能走主体院落围墙外侧的通道。主人在客厅起坐或待客时，仆人端茶送水决不允许直出直入，而只能走专门为下人安排的侧门。在这里，建筑是严格按照封建等级制度的要求来设计和布局的，"硬件"为"软件"服务，将无形的"软件"以建筑的物质形式表达出来，固定下来，并使之得到强化。

读书科考，修身齐家治国平天下，是封建社会读书人终身的事业和追求。劳氏族中，出过一些文官，劳氏院落中读书做官的空气尤为浓厚。东园别墅中的一座书房，处在厢房的位置，但与一般的厢房却大不一样：它有自己独立的小院，有院墙有院门，形成院落中一个独立的小天地。建筑上的特殊，反映出读书这件事情在劳氏族人心中占有特别重要的地位，反映出读书人在劳氏族人中特别尊贵。

匾额和楹联，是汉族民居中不可或缺的艺术构件，它对院落文化起着点题、点“睛”的作用，较为直接地反映着主人的思想、情怀和抱负。越是官宦人家，越注意用匾额和楹联来炫耀自己，教化儿孙、维系传统。劳氏家族院落中，匾额楹联数量巨大，仅现在整理出来的、完整的楹联，就有305副之多。其中有门联、堂联、器物联等诸多种类，内容有节庆、交际、天文地理、婚丧嫁娶、历史政治、行为规范、学问修养、家庭传统等等，几乎涉及人们思想感情和社会生活的所有领域。这些楹联中，所透露出来的信息尽管十分丰富，十分庞杂，但归根到底，主导的东西只有一个，那就是儒家思想。比如：

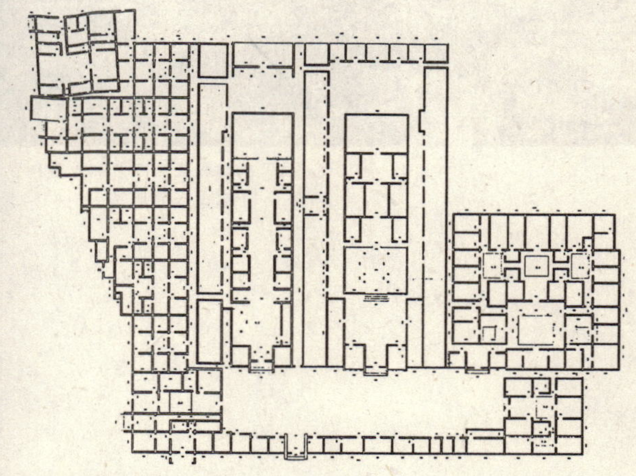

东园别墅平面图(资料来源：广西城乡规划设计研究院)

东园别墅院落中的局部二层建筑

东园别墅院落中供女眷和仆人出入的甬道

“读古人书留意经天纬地，
为后裔法无忘祖德亲功；

读书好耕田好识好便好，
创业难守成难知难不难；

好把格言训子弟，
须寻生计去饥寒；

祖有德宗有功惟烈惟光永保衣冠联后裔，
左为昭右为穆以飨以祀长承俎豆振前徽；

文章报国，
孝悌传家；”

（以上楹联引自《大芦古村楹联精选》）

忻城土司衙署

忻城县位于广西中部，红水河上游，境内石峰林立，取壮语谐音为“忻城”，即“石头城”之意。

在忻城的40万人口中，壮、瑶、仫佬、苗等少数民族人口达94.5%，这里是传统的壮族聚居区。

忻城土司衙署位于县城中翠屏山北麓，占地38.9万平方米，由土司衙署、官邸、大夫弟、祠堂等建筑群组成，建筑占地面积约4万平方米，是全国现存规模最大，保存最完好的土司建筑，人们称之为“壮乡故宫”。

广西壮族的土司制度，起源于汉、唐时期的羁縻制度，是中央王朝对鞭长莫及的边疆少数民族地区首领授以官职，通过他们进行间接治理的制度。壮族土司制度确立于宋，明代得到强化，清代“改土归流”，土司制度衰亡。

自元末至清光绪三十二年（1906年），忻城莫氏土司世代相袭达数百年之久。明万历十年（1582年）第八任土官莫镇威开始兴建土司衙门，后世土官继之拓展、续建，使之成为集办公、居住、驻军等多功能为一体的巨大建筑群。

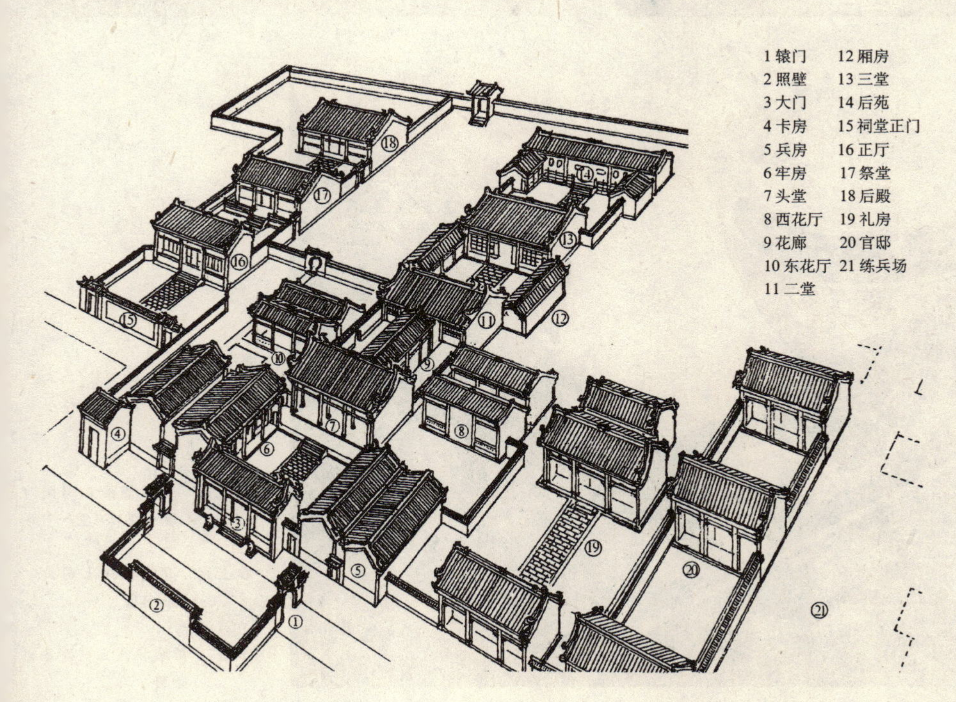

忻城壮族土司衙署鸟瞰图（资料来源：忻城土司博物馆）

衙署整体布局，遵守礼制规范，中轴线明显。建筑对称布置。全部为砖木结构，硬山顶，建筑风格受粤风影响，同时具有鲜明的壮乡特色，如重视屋脊和檐口的装饰，正脊装饰做成牛角形，不与垂脊相交。垂脊线条笔直，脊上装饰同样是做成牛角形。山墙檐口和屋脊着色以黑、红、白三色为主，色彩浓重，对比强烈。装饰图案具有壮族特色，如窗花使用壮族特有的“万字花”等。

左上图　忻城壮族土司衙署大堂(头堂)

右上图　忻城壮族土司衙署内院

下图　忻城壮族土司衙署脊饰

抱　村

象州县位于广西中部，历来为壮族等少数民族聚居区。全县总人口的74%为少数民族，其中绝大多数是壮族。

百丈乡抱村坐落在大瑶山脚下，距象州县城30多公里。村庄三面环山，村前一条小河，名双乳泉。

村中古建筑群始建于清代乾隆年间，为本村人蒙庭拔出资所建。蒙庭拔曾在广东任海事官职务，离任归家后，雇请广东工匠，按当时广东官府的建筑风格，在抱村修建了24座院落，供族人居住，并鼓励后人励志读书，求取功名。此后，抱村出过6个六品官，8个七品官，15人享八品官位，还有武生、庠生多人。至今，抱村仍有重教育的传统，大中专毕业生达60余人。

抱村古民居群的24座院落，总体按“日”字形规整布局，青石板村路将各个院落联为一体。院落均西北向，两进，前有庭院。正面院墙不开门，门开在左右两侧，前院两个门，后院两个门，门皆相对而开。建筑均为砖木结构、硬山顶，天井以青石板或青砖铺地，主屋面朝庭院，三开间，中为正厅。

院落中木雕、石雕精美，图案多为松、竹、梅、鹤等。屋脊的装饰，建筑色彩的运用，与忻城土司衙署相似，但屋脊、檐口装饰不用红

象州县抱村壮族民居

色，而只用黑、白两色。其他壮族砖木结构村落也是如此。而忻城土司衙署、象州文庙、来宾文辉塔等壮族砖木结构公共建筑，则大量使用红色装饰。看来，壮族建筑上的装饰用色，当初是有规矩的，衙署、庙宇等公共建筑，可用红色，一般民居则不得用红色。

关于双乳泉，有一个美丽动人的传说：玉皇大帝的三女儿三妹私自下凡，与诚实、勤劳的蒙长贵结为夫妇，并生了一个儿子，一家人过着幸福的生活。玉皇大帝两次强令三妹回天宫，并派天兵天将前来捉拿三妹，都被三妹躲过。于是，玉皇大帝下令：三年之内，不准给抱村这一带下一滴雨水。地裂禾焦，百姓无法存活。三妹决心以自己的生命来换取百姓的幸福。她召集村民，鼓励大家广开田园，勤耕细作，然后自己便走向南山脚下，在那里睡下死去了。她的双乳立时化为两口山泉，泉水源源涌出，人们从此不惧天旱。

那双乳泉确实有些奇异：泉水清澈，其味甘甜，有清热解暑，治牙疼、胃痛的功效。夏季水丰之时，泉中盛产一种小鱼，其大如拇指，其肉鲜嫩甜美，其刺细小若无，腹中无杂物而结凝脂油，此油可疗烫伤、烧伤……

金秀村

金秀瑶族自治县位于广西中部偏东的大瑶山区，是全国主要的瑶族聚居区，有盘瑶、茶山瑶、山子瑶、坳瑶、花篮瑶等5个支系。

金秀村位于金秀县城的边缘，面朝金秀河。该村民居院落的形式，俗称“一条线”，单独一家的正面，宽约7～8米，纵向的进深，却长达20米以上。若干个“一条线”式的院落，齐头并肩地排列，组成密集的民居群。

民居群，背后是山坡，一条线式的院落由前而后依地势步步升高，分前、后两部分：每一户的前半部均为两三间附房，可作居住、堆放杂物，均为一层，仅最后一间，升高为二层。附房背后，是一条贯穿全村的横街，跨过横街，推开院门，进入民居的后半部，即主体部分。后半部有一个前院，走过前院，才能进入房间。房间均为两开间，向后层层递进，其间只以砖墙相隔，最后一间为户主卧室，火塘与神位，都设在这里。

村子四角和村街的转角处，设有青砖砌筑的炮楼，高耸于民居群之上。

金秀村的横街很有特点，它将每一家民居的院落分隔成前、后两部分，同时也将整个村子分隔成前、后两部分。它既是村子内的主要通道，又具有重要的防卫作用：当村庄的前半部失守之后，村民可以退守后半部，将入侵者阻挡在这条村街上。

金秀村的“一条线”式的砖木结构院落中，保存着木构干阑的若干建筑形式和生产、生活方式，最具代表性的，要数“爬楼”和闺房。

推开瑶居后半部临街的院门，可见院落的一侧挖有一个与院落深度等长的大坑。这个坑，是专为养猪设置的。坑上横几根木头，上面摆上鸡笼，便可养鸡。坑的门，开设在临街的墙上，与院门并排，但比院门要矮小得多。民居后半部的地面，比横街的地面高出一截，那养猪坑的底，也比横街的地面略高一点，利用这两者的高差，把坑门开在院墙上，猪进进出出很方便。

坑的上方，是一间木屋，其长度同样与院子的深度相等。木屋架空于猪栏之上，像一口大木箱，上盖小青瓦，这是姑娘的闺房。

底层圈养禽畜，其上的木屋住人，这是典型的木构干阑的居住方式。

在青砖砌筑墙体的“一条线”式民居中，全部木结构的闺房，是很特殊的一个“构件”。闺房的门向后开，设在室内，要穿过院子，进入室内之后，向左或向右转，才能找到闺房的门。闺房还有一个小门，是朝前，面向村街开的，出了这个小门，便是木构的露天晒台，俗称“爬楼”。

“爬楼”悬挑于砖墙之外，有木护栏，下临村街。“爬楼”距地面的高度约在1.5米左右。

瑶族风俗，男青年可以将女友带到家中火塘边谈情说爱，女孩子则不可以将男友带到火塘边来。为了方便女孩子与朋友约会，又为了使年轻人的唱歌说笑不至于影响家长的休息，“一条线”式瑶居专门设置了“爬楼”。“爬楼”的作用，在于让女孩子的朋友可以方便地爬上爬下，并由晒台上的小门进入姑娘的闺房。

金秀村“一条线”式的民居，前半部不作什么装饰，即或是面对外部世界的正门，也不过是贴贴对联而已。主人精心装饰的，是自家院落的主体部分，即院落的后半部。最为讲究的，是临横街的那道院门。院门前，都设有腰门，腰门虽不及院门的一半那么高，却是装饰的重点，都雕刻了仙鹤、梅花鹿、喜鹊、老虎和松、竹、梅等图案，并涂以十分鲜艳的颜色；院门上有门楼，门楼上悬挂的匾，与汉族民居中常见的大不相同。汉族民居中的匾，要么红底金字、黑字，要么黑底金字，一般不雕花。而金秀村院

左图　金秀县金秀村瑶居的院门，门上方的匾和腰门都雕花，色彩艳丽。门侧设“爬楼”，“爬楼”有门通姑娘的闺房。“爬楼”下面的小门，是院内养猪坑的门。从金秀村砖木结构院落式民居中保留着的这些木构干阑民居的“构件”和居住方式，可以看出瑶族民居的一些发展脉络

右图　金秀县金秀村瑶居院子里养猪的坑，坑的上方是全木构的姑娘闺房

门上的匾，除“吉星高照”、“五福临门”等字样外，一律雕花，而且雕工极精细，图案极丰富，色彩极鲜艳。有那清代的门匾，虽然字迹与花饰已经有些剥蚀了，但那斑斓的色彩，依然能让人想像得出它当年的华丽。“爬楼”的木护栏，也是装饰的重点，也要雕龙画凤，涂以丽色。进了院门，迎面的墙上，常常会画着彩绘。走进位于民居最后面的堂屋，巨大的木制神龛形如殿堂，雕刻更是精美，尤其是“殿堂”的柱子，木雕最具功力。堂屋里的大木床，床柱粗大，同样也展现出工匠高超的雕刻技艺。

富川县古城、富川油沐村

富川瑶族自治县位于广西东北部，东面、北面与湖南省接壤，南面和西面分别与广西的钟山县、恭城瑶族自治县相邻。在富川县的29万人口中，瑶族人口占了47.8%。瑶族自宋代开始，迁入富川。

富川县龙规村风雨桥

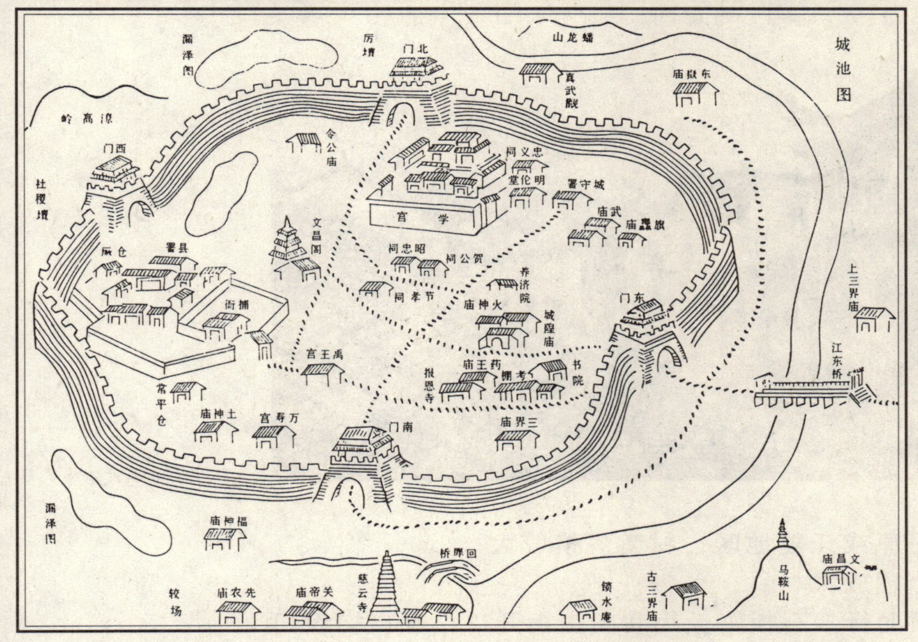

富川富阳古城池图（现为富川县城的一部分）（资料来源：富川县志）

富川县的富阳古城，现在是县城的一部分。古城建于明洪武二十九年（1396 年），初建时为土墙，后改为砖墙。明、清两季，共重修 8 次。清乾隆八年（1743 年）的那一次重修，将各城门的砖墙改为石墙。

富川瑶族，分为高山瑶和平地瑶。

高山瑶民居多为木构干阑，上盖杉树皮。村落规模较小。

富川县富阳古城的一座城门

富川县油沐村瑶族民居

平地瑶居于平原或丘陵地区，村落规模较大。

油沐村是一个瑶族大村。

村落主街沿河而行，石板路。小巷向主街开口，巷口均设门楼。这样的街、巷、门楼组合的格局，是富川瑶族和汉族村落的共同特点。

瑶族民居多为单栋式砖瓦房，常见有三开间的“三间堂”和五开间的“五间堂”，多为两层。有些“三间堂”前设一天井，天井前立一堵墙，墙两侧增建厢房，形成三合院。

单栋砖木结构瑶居，建房时以砖的层数计算房屋墙体的高度，一层砖称为“一路”，总路数必须是单数，墙筒高度一般不超过55路，即55层砖。前墙比后墙要高出2路或4路。又分“大手”和“小手”。以大门朝向为准，居中的房间为厅堂，厅堂的后墙正中设神龛。如将厅堂隔为前后两间，神龛背后的那间房，一定是家中老人居住。厅堂左侧（东侧）的房间，为“大手”，厅堂右侧（西侧）的房间为“小手”。“大手”房要比“小手”房长2～3寸。通常哥哥住“大手”，弟弟住“小手”。“大手”、“小手”也常常各自从中间隔开，前面的房间作厨房，后面的房间作卧室，这样，底层就成了五房一厅。

上下楼不设固定楼梯，而使用竹、木梯子上下。楼上一般由家中的女孩子居住，同时也用来堆放稻谷。民俗常有几家的女孩子合住一楼。未成年的男孩子，有时也住楼上。

家中如果建新房，均由娶了妻子的儿子居住，老人仍住旧屋。

富川的风雨桥

富川的山野间，坐落着许许多多风雨桥。

富川的风雨桥，与龙胜、三江的风雨桥很不一样：富川的风雨桥常见有石拱桥，桥面铺石板；三江、龙胜的风雨桥，则均以杉木为梁，桥面铺木板，拱桥的形式非常少见；富川风雨桥最突出的特点，是两端均设砖砌封墙，封墙多采用马头墙形式。这与富川平地瑶的砖木结构的民居是一致的，砖和砖墙融入了木构风雨桥。三江、龙胜的风雨桥无封墙，依然保留着全木构的特点；富川风雨桥中的青龙桥和回澜桥，在桥头建庙，桥庙相连，状若

富川县庙桥合一的回澜风雨桥

富川县庙桥合一的青龙风雨桥

富川县高桥村高桥

富川县油沐村风雨桥（瑶）

跋

行走在多姿多彩的广西民居长廊中，你会发现，尽管区域不同、民族不同、民居类型不同，尽管建筑材料、建筑风格千差万别，尽管建造时间相差几百年甚至上千年，但是，有许许多多的东西，是大家一样的、一致的。比如，家家户户门上都贴对联，而且是一样的红纸黑字，一样的贴法。对联中所抒发的理想、抱负、做人做事的规范、天人合一的理念，也是一样的；比如，在堂屋正中墙上，都供奉着神位。神位有些装饰得金碧辉煌，最常见的则是在墙上贴一张大红纸，不管是金碧辉煌，还是朴素的大红纸，其正中毫无例外都是用最大的字体，竖书同样的“天地国亲师”五个大字；比如，民居中的装饰，都以葫芦象征福、禄，都以鱼的图案象征年年有余，都以松鹤象征长寿，都以梅竹象征高洁；再比如，大家选址都讲究负阴抱阳，工匠都尊鲁班为祖师……例子太多，举不胜举，人们对此早已司空见惯，但这却是一件非常了不起的事情，它反映了这样一个事实：广西各族人民在漫长的发展历程中互相融合，并早已融成了一个多元一体的整体。

居住文化的融合，是广西各民族大融合的重要组成部分，并且在融合的过程中发挥着积极的作用：民族大融合的许多成果在

龙是中华各民族共同的图腾。这是三江侗族自治县八江乡某风雨桥廊脊上的二龙戏珠雕塑

民居中得到生动的表现并凝固下来，世代传承，使融合的成果更加牢不可摧。

对联、石刻、木雕和风水理念，可以视作民居中的“软件”。这些“软件”是各民族居住文化互相融合的先导，又反映着融合的进程与状态。“软件”是形式，也是载体，它承载着丰富的内涵，它又是那么美，那么让人喜欢，它被盛情邀请，它也到处“串门儿”，并且总是被主人热情地留住不让走。于是，壮族的木楼，侗族的鼓楼，瑶族的风雨桥，苗族的芦笙柱和来自北方的汉族院落，便在不知不觉间呼吸相通、心心相印了。因为有了这些“软件”，一个人即使是刚从汉族院落中走出来便跨入瑶家的木楼，也会有一种回家的感觉。

左图　灵川县汉族民居中的砖雕窗花，以蝙蝠形象象征“福”。
右上图　象川县抱村壮族民居木雕窗花中的“福”字
右下图　金秀县金秀村瑶居门簪上的“禄”字

这些“软件”，也许是最外在、最表面的，但它们同时又是最内在、最深刻的。它们是宇宙观和价值观的生动反映。而一种文明，特别是古老文明，最根本的特征，就是他的宇宙观和由此所决定的它对自然的态度以及它与自然相处的方式。相同或者相似的“软件”之所以能走进广西各民族不同源头、不同类型的民居，并被大家都视为自己的东西，是因为大家通过这些“软件”找到了“知音”：大家的宇宙观是相近的，大家“天人合一”的理念是一致的，大家都遵循对自然资源取之有度和反哺自然的原则，大家都注重人与自然的和谐、人与人的和谐、人与社会的和谐。这是中华各民族大融合的文化基础，也是各民族居住文化大融合的基础。统一的国家，为这种融合创造了良好的条件，融入民居的“软件”，成为民居不可分割的要素。

2001 年夏天，我到龙胜县平安寨考察。这天中午，从山间回到寨子里的小旅馆，踏着木梯走上二楼，眼前的景象使我蓦然停住了脚步：一个孩子躺在地板上睡得正香。孩子大概还不到两岁，胖乎乎的，穿着一身小衣服，什么也没盖，身子下面一床薄薄的草席，草席下面的杉木楼板，木纹清晰可辨。外面很热，但木楼开着窗，凉风习习，孩子睡得很舒服。我脑子里闪过的第一个词，就是幸福。是的，能在这样的环境里，这样香甜地熟睡，对任何一个人来说，都是莫大的幸福。

上图　为贺州市龙井村民居中石雕的“年年有余”图，图中的四条鱼中，有两条是鲶鱼，所以是鲶（年）鲶（年）有鱼（余）

下图　为龙胜各族自治县红瑶大寨一座风雨桥主梁上的三鱼图

大热天，不必开空调，风儿带来野花的清香，没有汽车隆隆地驶过，没有工厂排出的废气和粉尘，也不必担心装修材料散发甲醛之类的有害气体，待会儿醒来，张口就可以喝到从未被污染过的山泉，吃到直接从田间采摘回来的黄瓜。对于一个孩子来说，还有什么样的环境能比这里更适宜于他的成长呢？

也是那年夏天，我在灵川县江头村，看见一位农夫从田间归来，走进自家的院子，从从容容地打开堂屋的门。这在他来说，是最平常不过的事，我却为之震撼。因为他打开的，是两扇精美的雕花木门，而与那两扇木门相连的，是一长排精美的雕花木窗。门和窗都是手工雕花，都很有些年头了，与小院鹅卵石铺就的地坪和青砖墙配在一起，美而不妖，美而不俗。这位农夫，和江头村所有的居民一样，确信自己是宋代大理学家周敦颐的后代，在《爱莲说》的熏陶中长大成人，悠然自得地生活在这个院子里，他真是太享受了，太富有了。

子曰："里仁为美"。与江头村相比，经历了对于传统民居和历史文化街区的大拆大毁，我们城市里的文化空气，是太稀薄了。一些城里人现在夸耀什么豪宅华庭、高尚尊崇，什么王者风范、稀世尊邸、欧陆风情，俗不可耐而不自知，与那位江头村农夫相比，是太缺乏文化素养了。

有人以"破旧"和改善老百姓的居住条件，作为拆除传统民居的理由。这是很没有道理的。具有丰富文化内涵的传统民居，具有文物的属性，有谁会因为一件文物破或者旧而毁弃它呢？把人家极具价值的传统民居拆掉，另建一些毫无文化含量的新房子，这能叫改善吗？传统民居其实有着自己不断改善的传统和方式：广西的木构干阑民居，经历了时间的淘洗和打磨，历久而弥新，实践为其科学性和合理性作了最好的验证。干阑居民们早已将电灯、电话、彩电、冰箱搬进了自己的木楼。事实证明，木构干阑完全有能力接纳现代生活方式。

问题的关键，还是在于我们要识"货"，要懂得珍惜。

主要参考文献

[1]桂北民间建筑．李长杰主编．中国建筑工业出版社，1990．

[2]广西民族传统建筑实录．《广西民族传统建筑实录》编委会．广西科学技术出版社，1991．

[3]广西通史．钟文典主编．广西人民出版社，1999．

[4]壮族科学技术史．覃尚文，陈国清主编．广西科学技术出版社，2003．

后 记

1999 年，受命写一个反映桂林新农村建设的电视专题片脚本，跟着桂林市规划局的陈沥铁、于小明同志，跑了桂林的十二个县，那应该是我真正接触广西民居的开始。接着又写广西新农村建设的电视专题片脚本，跟着广西建设厅村镇处的方正处长和覃小勇同志，跑了广西三十多个县、市。2001 年，有幸参加了由广西建筑综合设计研究院雷翔院长领导的广西民居研究课题组，这一回，真的是为了研究而亲近广西民居了。仍然是跑。报告文学是用脚写出来的，这一点我早有体会，现在又体会到：其实，民居研究，也少不了脚上的功夫。

在考察的过程中，广西建设厅，广西科技厅，广西旅游局，来宾市政府，桂林市规划局、市政局，阳朔、灵川、龙胜、兴安、恭城、三江、融水、兴业、全州、昭平、金秀、灌阳、富川等县建设局，贺州市文化局，富川、灵山、钟山等县文化局，那坡县旅游局和广西建筑综合设计研究院，都为我们提供了帮助和方便。

广西民居研究的课题早已结题，并有一本书正式出版。但我却仍然是一有机会就往广西民居里跑。广西民居已经成了我生命的一部分，亲近它，已经成为我生活的一种需求；思考它，已经成为我的一种生存方式。思考的所得，虽然自知肤浅，却也总想一吐为快，正好中国建筑工业出版社给了个机会，于是就有了这本书。

感谢雷翔、李长杰、季富政、洪铁城、方正等各位先生和建造广西民居的工匠们，他们都是我研究民居的老师，给了我许多教益和指导。

感谢陈沥铁、于小明、覃小勇、桂林市规划设计研究院副院长周彦、时任灵川县建设局局长的熊伟、时任灵川县文化局副局长的莫志东、灵山县文联主席陈秀南、贺州市博物馆杨馆长、富川县文管所所长李盛亮和广西建筑综合设计研究院的韦克、韦钢等各位先生，他们和我一起跋山涉水地考察或无私地向我提供资料，西南交大的王梅老师，也从成都把自己搜集到的资料寄给了我；感谢《规划师》

杂志社的刘芳、陈小胜、周荣、韦葳、蒋林欣、张黎艳、梁倩、梁楚茜等同志，他们帮助我整理资料、打字，付出了辛劳。2007年春节前后，本书在作最后的修改时，义乌市规划设计研究院为我创造了良好的工作条件，该院的何燕丽、陈剑、金永平等同志，帮助我打字、出图，热情周到。我还要感谢李长杰先生，经他的允许，本书从《桂北民间建筑》里选用了十来幅精美的手绘图，这些图实在太美了，使本书大为增色。

在此一并致谢。

牛建农

2007年3月23日于义乌